SHUIDIANCHANG DIANLI JIANKONG XITONG
ANQUAN FANGHU PEIZHI ZHINAN

水电厂电力监控系统安全防护配置指南

国网新源控股有限公司运检部
南京南瑞信息通信科技有限公司 组编

U0261365

中国电力出版社
CHINA ELECTRIC POWER PRESS

内 容 提 要

发电厂作为电力系统的重要组成部分，其安全与电网运行密切相关，电力监控系统认真贯彻执行安全防护方案，迄今已建立了较为完善的栅格状动态安全防护体系。水电厂电力监控系统安全管理防护中存在安全管理体系程度欠缺、制度针对性不强、管理覆盖面存在死角等风险。为进一步提升安全防护管理水平，有效保障水电厂电力监控系统和电网安全稳定运行，特组织编写《水电厂电力监控系统安全防护配置指南》。

本书共分 4 章，主要阐述水电厂电力监控系统安全防护形势与背景、安全等级保护实施、安全防护基本要求等，并筛选、收录了水电厂电力监控系统安全防护工作中常用的标准、规定、办法、细则等，以期指导水电厂电力监控系统安全防护建设、整改、运行、管理等工作。

图书在版编目（CIP）数据

水电厂电力监控系统安全防护配置指南 / 国网新源控股有限公司运检部，南京南瑞信息通信科技有限公司组编 . —北京：中国电力出版社，2019.9（2020.8重印）
ISBN 978-7-5198-3695-5

Ⅰ . ①水… Ⅱ . ①国… ②南… Ⅲ . ①水力发电站—电力监控系统—安全防护—指南
Ⅳ . ① TM73-62

中国版本图书馆 CIP 数据核字（2019）第 204634 号

出版发行：中国电力出版社
地　　址：北京市东城区北京站西街 19 号（邮政编码 100005）
网　　址：http://www.cepp.sgcc.com.cn
责任编辑：安小丹（010-63412367）
责任校对：黄　蓓　朱丽芳
装帧设计：赵姗姗
责任印制：吴　迪

印　　刷：北京天宇星印刷厂
版　　次：2019 年 9 月第一版
印　　次：2020 年 8 月北京第二次印刷
开　　本：787 毫米 ×1092 毫米　16 开本
印　　张：9.75
字　　数：210 千字
印　　数：1001—2000 册
定　　价：65.00 元

本书编委会

主　　任：乐振春

副 主 任：张亚武　张全胜　常玉红　周　军
　　　　　朱世顺

编写人员：刘　寅　吕志娟　徐　杰　杨　斌
　　　　　李建光　郝国文　宋旭峰　狄洪伟
　　　　　徐　伟　魏　李　朱　佳　姜　涛
　　　　　梁庆春　陈鹤虎　周怡伶　庞　新
　　　　　蒋梦姣　肖勃祎　栾国强　丁晓玉
　　　　　秦学嘉　唐亚东　张　鹏　程　根
　　　　　李　杰　沈　宇　陈聪钰　万　锡
　　　　　蒋乾悦　郑　强　齐　敬　殷志越
　　　　　何振宇　徐婷婷

　　信息技术的广泛应用和网络空间的兴起发展，极大地促进了经济社会繁荣进步，同时也带来了新的安全风险和挑战。网络安全事关人类共同利益，事关世界和平与发展，事关各国国家安全。近年来，网络安全形势日趋严峻，各国围绕互联网关键资源和网络空间国际规则的角逐更加激烈，工业控制系统、智能技术应用、云计算、移动支付领域面临的网络安全风险进一步加大，黑客组织和网络恐怖组织等非国家行为体发起的网络安全攻击持续增加，影响力和破坏性显著增强，我国网络安全形势更加严峻。

　　发电厂作为电力系统的重要组成部分，其安全与电网运行密切相关，电力监控系统按照《电力监控系统安全防护规定》等相关政策要求，认真贯彻执行安全防护方案，迄今已建立了较为完善的栅格状动态安全防护体系。"安全分区，网络专用，横向隔离，纵向认证"原则得到有效落实，自主可控、安全可靠的系统及设备广泛应用于调控机构，安全检测评估、监测技术手段、调度数字证书和应急机制已初步建立及应用，基础设施物理安全保障能力大幅提升。

　　随着网络安全技术的发展，针对电力监控系统的网络攻击行为时有发生并导致较为严重的后果。国家、行业主管部门组织的各级安全检查中，发现了水电厂电力监控系统安全管理防护措施中存在较多亟待解决的问题，主要表现在：各单位安全管理体系程度欠缺、制度针对性不强、管理覆盖面存在死角等。为了严格落实整改要求，进一步提升安全防护管理水平，有效保障水电厂电力监控系统和电网安全稳定运行，本书编委会组织行业内专家编制了《水电厂电力监控系统安全防护配置指南》，指导水电厂电力监控系统安全防护建设、整改、运行和管理等工作。

编制依据

《电力监控系统安全防护规定》（中华人民共和国国家发展和改革委员会 2014 年第 14 号令）

国家能源局《关于印发电力监控系统安全防护总体方案等安全防护方案和评估规范的通知》（国能安全〔2015〕36 号）

《电力行业信息安全等级保护管理办法》（国能安全〔2014〕318 号）

《电力行业网络与信息安全管理办法》（国能安全〔2014〕317 号）

国调中心《关于开展清朗有序安全网络空间创建活动的通知》（调网安〔2018〕37 号）

国调中心关于印发《国家电网公司电力监控系统等级保护及安全评估工作规范（试行）》等 3 个文件的通知（调网安〔2018〕10 号）

国调中心《关于开展并网电厂电力监控系统涉网安全防护专项治理活动的通知》（调网安〔2017〕64 号）

国调中心《关于开展电力监控系统等级保护"回头看"活动的通知》（调网安〔2017〕23 号）

国家电网公司《关于进一步加强电力监控系统安全防护工作的意见》（国家电网调〔2017〕263 号）

《国家电网公司信息机房设计及建设规范》（Q/GDW 1343）

《信息机房技术要求》（Q/GDW 4610009）

《信息安全等级保护管理办法》（公通字〔2007〕43 号）

《信息安全技术　信息系统安全等级保护基本要求》（GB/T 22239）

《信息安全技术　信息系统安全等级保护定级指南》（GB/T 22240）

《信息安全技术　信息系统安全等级保护实施指南》（GB/T 25058）

《信息安全技术　信息安全风险评估规范》（GB/T 20984）

《关于开展电力行业信息系统安全等级保护定级工作的通知》（电监信息〔2007〕34 号）

《电力行业信息系统等级保护定级工作指导意见》（电监信息〔2007〕44 号）

《电力行业信息系统安全等级保护基本要求》（电监信息〔2012〕62 号）

《信息安全技术信息系统安全等级保护测评要求》（GB/T 28448）

《信息安全技术信息系统安全等级保护测评过程指南》（GB/T 28449）

《防静电活动地板通用规范》（GB/T 36340）

目 录

前言

编制依据

水电厂电力监控系统安全防护形势与背景

1.1 国内外网络与信息安全形势

近年来网络空间安全事件频发，国家级、集团式网络安全威胁层出不穷，伊朗"震网"病毒事件敲响了工控系统安全的警钟；乌克兰电网停电事件成为全球首例公开报道的因黑客攻击导致大范围停电事件。电力等重要基础设施领域成为"网络战"重点攻击目标之一，网络与信息安全形势异常严峻。网络空间安全引发了世界各国政府的高度关注，美欧等国家分别从国家战略、组织机构、人才培养、基础设施保护等方面开展部署。

党的十八大以来，中央和国家高度重视网络安全工作，习近平总书记发表了一系列重要讲话。一是将网络安全提升至国家战略高度，提出建设网络强国的目标。习总书记指出："没有网络安全就没有国家的安全，没有信息化就没有现代化，网络安全和信息化是相辅相成的，是一体之两翼、驱动之双轮。安全是发展的前提，发展是安全的保障。"将网络与信息安全放到更加重要的高度和全局性来认识。二是成立中央网络安全和信息化领导小组，改变我国网络管理"九龙治水"的格局，扭转多头管理、职能交叉、权责不一、效率不高的管理格局，统筹协调我国各个领域的网络安全和信息化重大问题，推动国家网络安全和信息化法治建设。三是出台信息安全相关政策，将网络安全法制化。党中央和国家采取了一系列措施加强网络与信息安全发展管理，密集发布了《中华人民共和国网络安全法（草案）》《国务院关于大力推进信息化发展和切实保障信息安全的若干意见》《信息安全等级保护管理办法》等国家层面网络与信息安全法律法规要求，加强保障体系建设。四是持续强化安全监管、推行国产化、加强自主可控等要求。中央网信办、公安部、国家能源局、审计署定期开展网络信息安全专项监管、检查、审计，发布监管报告，开展等级保护执法检查。

1.2 国家和行业政策要求

为落实习总书记指示，相关主管部门对电力网络安全提出了一系列要求。国家及行业主管部门对电网信息安全开展重点管控。自 2004 年以来，国家能源局、发改委等主管部门颁布实施了《电力监控系统安全防护规定》（国家发展改革委 2014 年第 14 号令）、《电力行业网络与信息安全管理办法》（国能安全〔2014〕317 号）、《电力行业信息安全等级保护管理办法》（国能安全〔2014〕318 号）等规章制度，构建了较完整的电力行业网络与信息安全法规体系，强化了电力监控系统风险评估、安全测评和等级保护管理。同时，将网络信息安全纳入监督审计重点事项。国家公安部、工信部、发改委、能源局等主管部门每年均开展电网网络与信息安全工作检查，且国家能源局常态发布年度《电力企业网络与信息安全专项监管报告》，加强电网安全措施落实情况的监督检查。

1.3 面临问题及解决方法

经过多年的系统建设，水电厂电力监控系统安全防护工作已经取得了显著的成效，但仍存在一些突出的问题，结合历年来电力监控系统安全大检查的情况，综合分析面临问题如下：

（1）管理制度体系不健全。各电力企业缺少电力监控系统安全管理制度，在人员储备、软硬件设备和技术能力方面都处在逐步发展、完善阶段。信息安全工作的总体方针和安全策略还相对比较缺失，安全工作的总体目标、范围、原则和安全框架等规范不完善，工控系统配置、变更指南、数据恢复、巡检等操作规范相对缺失。

（2）安全运维人员能力不够。电力工控系统运维人员为电力自动化专业，在工控领域保障工控系统的安全运行具有较高水平，但结合信息安全工作往往比较欠缺，对信息安全工作落实不到位，人员配置、基础设施和安全防护措施仍有较多的提升空间。

（3）技术措施落实不到位。随着等级保护工作的开展，系统单位在测评过程中也暴露了诸多问题，部分问题整改复杂，工作开展过程中也存在许多问题，如资产设备未进行安全加固，发电厂使用的操作系统、网络设备、安全设备未加固的问题比较突出，部分单位存在用户口令管理和权限控制不严的问题；工控设备安全防护情况薄弱，大部分电厂针对工控PLC等设备缺乏专业的安全防护与监控手段，无法有效措施识别来自边界的风险，易遭受恶意用户面向工控设备的攻击。基础设施存在缺陷，部分涉及等保三级系统的电厂机房物理环境、机房监控手段存在不足，机房亟需改造；移动存储介质管控不严，部分水电厂监控系统工程师站、操作员站未限制USB接口使用，易导致恶意代码在生产控制区中的传播。

"三分技术，七分管理"，电力企业需要建立健全信息安全组织保障体系，落实安全责任，需要加强运维管理人员信息安全基本知识、相关法律法规等培训，强化安全意识，提高管理水平。开展信息安全管理体系的设计与建设，梳理清晰电力监控系统安全管控流程，包括评估其对重要业务流程的影响和造成的损失，采取措施进行风险管控，从而降低管理和技术层面的风险，保护信息资产和隐私的安全属性，保全的核心业务和重要数据。

梳理信息安全管控流程，以完善的方法论作为有力支撑。主要是基于标准化方法《信息安全管理体系》（ISO/IEC 27001—2013）和《信息安全风险评估规范》（GB/T 20984—2007），以风险评估为切入点，对试点电厂的业务和信息系统现状进行摸底，通过资料调研、技术评估、人工审计和分析等多种手段，获取信息安全管控流程的现状和相关需求，从而为编制、建立和实施落地信息安全管理体系提供支撑基础，并辅以持续监测和改进等工作机制使信息安全管理体系闭环管理、螺旋上升。

结合现有的薄弱环节内容，就以下内容作为重点匹配项：

（1）明确责任，强化电力监控系统安全防护工作的落实与管控。各水电厂按照"谁主管谁负责，谁运营谁负责"的要求，明确电力监控系统安全防护的工作职责和主体责任，切实将电力监控系统安全防护纳入电力安全生产管理，加强组织机构和规章制度建设，常态化开展管理与监督工作，确保安全防护各项工作有序开展。

（2）夯实基础，提升电力监控系统的网络安全防护能力。各水电厂深入开展电力监控系统的网络安全防护活动，加快建立系统内部设备非法接入和人员操作行为的实时监控手段，补齐、补强网络运维管理工作存在的短板和缺项。建设内网安全管理平台，提高网络安全实时监测预警能力。强化水电厂的安全防护措施，持续提升生产控制设备、网络设备和安全防护设备等重要设备的国产化率和安全运行水平，全面提高电力监控系统的网络安全防护能力。

（3）发展创新，健全电力监控系统标准制度体系。各水电厂根据业务发展和防护能力提升需要，制定《电力监控系统本体安全技术规范》《电力监控系统内网安全监视功能规范》《电力监控系统安全防护监测装置技术规范》等专业技术标准，完善等保测评及安全评估、安全事件应急报告等管理制度，不断健全电力监控系统安全防护标准和制度体系。

（4）密切协作，提升电力系统网络安全整体防御能力。各水电厂加强与上级调度机构安全防护协同工作力度，积极完成上级调度机构关于电力监控系统安全防护工作。各水电厂要强化对调度数据网的网络安全设备的运行监视，不断提升电力监控系统联合防护水平。

（5）加强演练，提升网络安全事件的应急处置能力。各水电厂健全安全防护应急联动机制，及时修订电力监控系统安全防护应急预案，提高应急措施的可操作性和针对性；要强化系统故障快速处置和恢复技术的研究和应用，提高调度数据网络和电力监控系统失效后的快速恢复能力；定期开展安全防护应急演练，持续提升应急处置的实战水平。

（6）充实队伍，提升网络安全工作的人力保障水平。各水电厂进一步充实安全防护队伍，确保安全防护工作责任落实、人员到位。要强化制度建设、明晰职责界面、规范业务流程，不断提高规范化管理水平。要加大技术培训与交流力度，不断提升从业人员的技能水平和履职能力。

（7）排查治理，确保电力监控系统安全可靠运行。各水电厂高度重视，周密组织，按照统一安排有序开展自查与核查工作,深入排查和治理安全防护工作中的风险和隐患。各单位对检查发现的问题，要制定切实有效的整改方案，按照"闭环管理、快速整改"的要求,边查边改、持续完善,确保安全隐患及时整改到位、电力监控系统安全可靠运行。

水电厂电力监控系统安全等级保护实施

2.1 等级保护实施概述

2.1.1 等级保护目的

为落实国家信息安全等级保护制度，提高电力行业重要信息系统安全防护水平，依据《中华人民共和国网络安全法》《电力监控系统安全防护规定》（国家发展改革委2014年第14号令）、《电力监控系统安全防护总体方案等安全防护方案和评估规范》（国能安全〔2015〕36号）等法规文件要求，梳理电力监控系统的范围，完成等级保护定级及备案工作，加快推进电力监控系统等级保护测评活动常态化管理，全范围开展等级保护测评和安全防护评估工作。电力企业开展等级保护工作的目的是对电力监控系统分等级管理，按标准进行设计、规划、建设、使用及退运的全生命周期管理。

通过等级测评工作的开展，可以找出水电厂电力监控系统存在的安全问题、脆弱性。识别电力监控系统与国家、行业等级保护安全要求之间的差距，掌握系统整体的安全防护能力，为等级保护建设整改与安全运维提供必要的指导依据。通过安全建设工作的落实，全面提升电力监控系统安全规范性和有效性，提高客户的安全意识，增强系统的防护能力，保障电力系统的安全稳定运行。

2.1.2 角色和职责

电力监控系统运行单位（水电厂）负责依照国家及电力行业网络安全等级保护的管理规范和技术标准，确定电力监控系统的安全保护等级，并在规定的时间内向当地设区的市级以上公安机关备案。

按照国家及电力行业网络安全等级保护管理规范和技术标准，进行电力监控系统安全保护的规划设计；使用符合国家及电力行业有关规定、满足电力监控系统安全保护等级需求的信息技术产品和网络安全产品，开展电力监控系统安全建设或者整改工作，制定、落实各项安全管理制度。

定期对电力监控系统的安全状况、安全管理制度及相应技术措施的落实情况进行自查，第二级系统应当每两年至少进行一次自查，第三级系统应当每年至少进行一次自查，第四级系统应当每半年至少进行一次自查。等级测评选择符合国家及电力行业相关规定的等级保护测评机构，定期进行等级测评和安全防护评估。

制定不同等级信息安全事件的响应、处置预案，对电力监控系统的信息安全事件分等级进行应急处置，并定期开展应急演练；按照网络与信息安全通报制度的规定，建立健全本单位信息通报机制，开展信息安全通报预警工作，及时向国家能源局或其派出机构、属地监管机构报告有关情况。

加强信息安全从业人员考核和管理，从业人员定期接受相应的政策规范和专业技能培训，并经培训合格后上岗。

2.1.3 实施的基本活动

电力监控系统等级保护实施基本流程参照《信息安全技术 信息系统安全等级保护实施指南》（GB/T 25058）。根据电力监控系统监管实际，电力监控系统实施等级保护的基本活动见图 2-1。

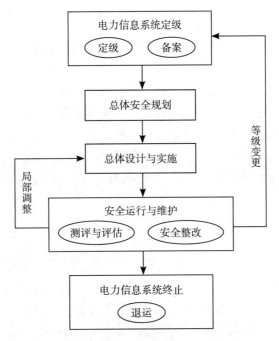

图 2-1 电力监控系统等级保护实施基本活动

在安全运行与维护阶段，电力监控系统因需求变化等原因导致局部调整，而其安全保护等级并未改变，应从安全运行与维护阶段进入安全设计与实施阶段，重新设计、调整和实施安全措施，确保满足等级保护的要求；当电力监控系统发生重大变更导致安全保护等级变化时，应从安全运行与维护阶段进入等级保护对象定级与备案阶段，重新开始一轮网络安全等级保护的实施过程。

2.2 定级与备案

2.2.1 定级与备案概述

电力监控系统运行单位应按照《信息安全技术 信息系统安全等级保护定级指南》（GB/T 22240）和《电力行业信息系统安全等级保护定级工作指导意见》（电监信息〔2007〕44号），确定所管辖电力监控系统的安全保护等级，组织专家评审，经本企业的上级信息安全管理部门或组织审核、批准后，报公安机关备案，获取《信息系统安全等级保护备案证明》，主管部门有备案要求的，应将定级备案结果报送其备案。

对于新建电力监控系统，第二级及以上电力监控系统，按照国家及行业有关要求（原则上在系统投入运行后 30 日内），电力监控系统运行单位到公安机关办理备案手续。

对于在运电力监控系统，按照国家及行业有关要求（原则上在安全保护等级确定后 30 日内），第二级及以上电力监控系统运行单位到公安机关办理备案手续。

2.2.2　定级对象分析

2.2.2.1　系统等级划分

电力监控系统的安全保护等级分为以下四级：

第一级，信息系统受到破坏后，会对公民、法人和其他组织的合法权益造成损害，但不损害国家安全、社会秩序和公共利益。

第二级，信息系统受到破坏后，会对公民、法人和其他组织的合法权益产生严重损害，或者对社会秩序和公共利益造成损害，但不损害国家安全。

第三级，信息系统受到破坏后，会对社会秩序和公共利益造成严重损害，或者对国家安全造成损害。

第四级，信息系统受到破坏后，会对社会秩序和公共利益造成特别严重损害，或者对国家安全造成严重损害。

2.2.2.2　电力监控系统分析

（1）识别单位的基本信息。调查了解电力监控系统所属单位的业务范围和类型、所在电力供应环节、单机容量、总装机容量、供热机组容量和服务范围、电压等级、涉网范围、所占电网负荷比例、地理位置、生产产值、上级主管部门等信息，明确单位在保障国家安全、经济发展、社会秩序、公共服务等方面发挥的重要作用。

（2）识别单位的电力监控系统基本信息。了解电力监控系统业务功能、控制对象、业务流程、业务连续性要求、生产厂商以及其他基本情况；分析电力监控系统类别，属于管理信息系统还是电力监控系统。

（3）识别电力监控系统的管理框架。了解电力监控系统的组织管理结构、管理策略、责任部门、部门设置和部门在业务运行中的作用、岗位职责等，明确等级保护对象的安全责任主体。

（4）识别电力监控系统的网络及设备部署。了解电力监控系统的物理环境、网络拓扑结构和硬件设备的部署和设备公用情况，明确电力监控系统的边界。

（5）识别电力监控系统处理的信息资产。了解电力监控系统处理的信息资产的类型，这些信息资产在机密性、完整性和可用性等方面的重要性程度。

（6）电力监控系统描述。对收集的信息进行整理、分析，形成对电力监控系统的总体描述文件。

2.2.2.3　定级对象确定

（1）划分方法的选择。以管理机构、业务类型、物理位置、所属安全区域等因素，确定电力监控系统的对象分解原则。

（2）识别等级保护实施安全责任主体。当电力监控系统运行单位和业主单位隶属单位统一且具有唯一运行单位时，可以电力监控系统运行单位作为定级实施主体，如发电机组运行班组，电网调度自动化处室等。当电力监控系统业主单位委托隶属于不同垂直管理关系的运行单位代管运行时，可以电力监控系统业主单位作为定级实施主体，运行单位协助开展定级工作。当两个及以上由不同运行单位运行但属于同一上级业务管理部门时，可以上级业务管理部门作为安全责任主体。

（3）识别定级备案系统的基本特征。作为定级对象的电力监控系统应是由计算机软硬件、计算机网络、处理的信息、提供的服务以及相关的人员等构成的一个人机系统。单个装置或设施不具备定级备案系统特征。

（4）识别电力监控系统承载的业务应用。作为定级对象的电力监控系统应该承载比较"单一的"的业务应用，或者承载"相对独立的"的业务应用。"单一"的业务应用是指该业务应用的业务流程独立，不依赖于其他业务应用，同时与其他业务应用没有数据交换，并且独享各种信息处理设备；"相对独立"的业务应用是指该业务应用的业务流程相对独立，不依赖于其他业务应用就能完成主要业务流程，同时与其他业务应用只有少量数据交换，相对独享某些信息处理设备。对于承担"单一"业务应用的系统，可以直接确定为定级对象；对于承担多个业务应用的系统，应通过判定各类业务应用是否"相对独立"，将整个电力监控系统划分为"相对独立"的多个部分，每个部分作为一个定级对象。应避免将业务应用中的功能模块认为是一个业务应用。对于多个业务系统其流程存在大量交叉，业务数据存在大量交换或者业务应用共享大量设备等情况，也应避免将业务系统强行"相对独立"，可以将两个或多个业务系统涉及的组件作为一个集合，确定为一个定级对象。原则上电网企业不同管理机构（本部、网、省、地、县）管理控制下相对独立的电力监控系统应分开作为不同的定级对象。

（5）识别电力监控系统安全保护定级对象安全区域。应遵从安全分区原则，尽量避免将不同安全区的系统作为同一个定级对象，运行单位应根据电力行业管理方式、业务特点、部署方式等要素在各安全区内自主定级。

（6）识别需整合的定级备案系统。具有相同安全防护属性的同一安全区域业务子系统，可以整合为一个整体定级对象。

（7）定级对象详细描述。在对电力监控系统进行划分并确定定级对象后，应在电力监控系统总体描述文件的基础上，进一步增加电力监控系统划分信息的描述，准确描述一个大型电力监控系统中包括的定级对象的个数。

进一步的电力监控系统详细描述文件应包含以下内容：

1）相对独立电力监控系统列表。

2）每个定级对象的概述。

3）每个定级对象的边界。

4）每个定级对象的设备部署。

5）每个定级对象支撑的业务应用及其处理的信息资产类型。

6）每个定级对象的服务范围和用户类型。

7）其他内容。

2.2.3 安全保护等级确定

2.2.3.1 定级、审核和批准

（1）电力监控系统安全保护等级初步确定。根据国家有关管理规范和《信息安全技术 信息系统安全等级保护定级指南》（GB/T 22240）确定的定级方法，电力监控系统运营、使用单位对每个定级对象确定初步的安全保护等级。

原则上电力监控系统系统服务安全（A）等级不低于业务信息安全（S）等级。

（2）定级结果审核和批准。电力监控系统运营、使用单位初步确定了安全保护等级后，有主管部门的，应当经主管部门审核批准。跨省或者全国统一联网运行的信息系统可以由主管部门统一确定安全保护等级。对拟确定为第四级以上信息系统的，运营使用单位或者主管部门应当邀请国家信息安全保护等级专家评审委员会评审。

2.2.3.2 形成定级报告

对电力监控系统的总体描述文档、详细描述文件、安全保护等级确定结果等内容进行整理，形成文件化的电力监控系统定级结果报告。

电力监控系统定级结果报告可以包含以下内容：

（1）单位信息化现状概述。

（2）管理模式。

（3）电力监控系统的概述。

（4）电力监控系统的边界。

（5）电力监控系统的设备部署。

（6）电力监控系统支撑的业务应用。

（7）电力监控系统列表、安全保护等级以及保护要求组合。

（8）其他内容。

2.2.3.3 电力行业定级指导

参照电力行业信息系统安全等级保护定级工作指导意见，水电厂主要电力监控系统定级如表 2-1 所示。

表 2-1 水电厂主要电力监控系统定级

所属大区	系统名称	范围	安全等级	SAG 组合	评估方法
生产控制Ⅰ区	水电厂监控系统	总装机容量 1000MW 及以上	第三级	S2A3G3	等级测评
		总装机容量 1000MW 以下	第二级	S2A2G2	
	梯级调度监控系统	总装机容量 2000MW 及以上	第三级	S2A3G3	
		总装机容量 2000MW 以下	第二级	S2A2G2	
	其他系统				电力监控系统安全防护评估

续表

所属大区	系统名称	范围	安全等级	SAG 组合	评估方法
生产控制 Ⅱ区	梯级水调自动化系统		第二级	S2A2G2	等级测评
	水调自动化系统		第二级	S2A2G2	
	其他系统				电力监控系统安全防护评估

2.2.4 定级备案

2.2.4.1 备案材料整理

电力监控系统运营、使用单位针对备案材料的要求，填写公安部监制的《信息系统安全等级保护备案表》，第三级及以上信息系统应当同时提供以下材料：

（1）系统拓扑结构及说明。

（2）系统安全组织机构和管理制度。

（3）系统安全保护设施设计实施方案或者改建实施方案。

（4）系统使用的信息安全产品清单及其认证、销售许可证明。

（5）测评后符合系统安全保护等级的技术检测评估报告。

（6）信息系统安全保护等级专家评审意见。

（7）本企业的上级信息安全管理部门对信息系统安全保护等级的意见。

2.2.4.2 备案材料提交

电力监控系统运营、使用单位根据国家管理部门的要求办理定级备案手续，提交备案材料；国家管理部门接收备案材料。

2.3 测评与评估

2.3.1 测评与评估概述

通过电力监控系统安全等级测评机构以及安全评估机构对已经完成等级保护建设的电力监控系统进行等级测评和安全评估，确保等级保护对象的安全保护措施符合相应等级的安全要求以及国家和行业对电力监控系统安全防护的相关要求。电力监控系统信息安全等级测评可与电力监控系统安全防护第三方评估工作同步进行，分别出具等级保护测评报告及电力监控系统安全防护评估报告。

2.3.2 等级测评

2.3.2.1 测评机构选择

（1）行业要求分析。由于电力监控系统的特殊性，在选择测评机构时应优先考虑具备行业等级测评经验，符合行业政策要求的测评机构。

（2）服务能力分析。从影响电力监控系统、业务安全性等关键要素层面分析测评机构服务能力，根据国家及行业相关要求，选择最佳测评机构，这些要素可能包括：测评机构的基本情况、企业资质和人员资质、信誉、技术力量和行业经验、内部控制和管理能力、持续经营状况、服务水平及人员配备情况等。

（3）安全风险分析。在选择测评机构时，需要识别其测评可能产生的风险，防止测评次生风险，测评次生风险包括但不限于以下几点：

1）测评机构可能的泄密行为。

2）测评机构服务能力及行业系统特性了解不够导致误操作等。

3）物理和系统访问越权、信息资料丢失等。

4）测评机构企业资质不全、人员资质管理不善，口碑、业绩不良等引发测评质量问题。

5）测评机构以往服务项目案例未覆盖本类系统测评导致的经验不足等。

（4）服务内容互斥分析。在选择服务商时，需要识别测评机构提供的服务与之前或后续提供的服务之间没有互斥性。承担等级测评服务的机构不应同时提供安全建设、安全整改等服务。

2.3.2.2 测评实施流程

等保测评项目实施过程可以分为测评准备、方案编制、现场测评和报告编制四个活动，而与委托测评方之间的沟通和洽谈贯穿整个等级测评过程。

工作流程图如图 2-2 所示，各阶段工作时间段安排如表 2-2 所示。

（1）项目启动。测评机构组建等级测评项目组，测评人员签署保密承诺书，获取运行单位及被测系统的基本情况，从基本资料、人员、计划安排等方面为整个等级测评项目的实施做基本准备。

（2）信息收集和分析。测评机构通过查阅被测系统已有资料或使用调查表格的方式，了解整个系统的构成和保护情况，为编写测评方案和开展现场测评工作奠定基础。

（3）工具和表单准备。测评项目组成员在进行现场测评之前，应熟悉与被测系统相关的各种组件、调试测评工具、准备各种表单等。

2.3.2.3 方案编制

（1）测评指标确定。根据已经了解到的被测系统定级结果，确定本次测评的测评指标。

（2）测评对象确定。根据已经了解到的被测系统信息，分析整个被测系统及其涉及的业务应用系统，按照相关国家标准根据测评指标选取测评对象。

（3）测评工具接入点确定。根据已经确定的测评对象分析确定需要进行工具测试的测评对象，选择测试路径，确定测试工具的接入点。

（4）测评内容确定。把各层面上的测评指标结合到具体测评对象上，并说明具体的测评方法，确定现场测评的具体实施内容，即单项测评内容。

（5）测评指导书开发。根据单项测评内容确定测评活动，包括测评指标、测评方法、测评实施和结果判定等四部分，编制测评指导书。

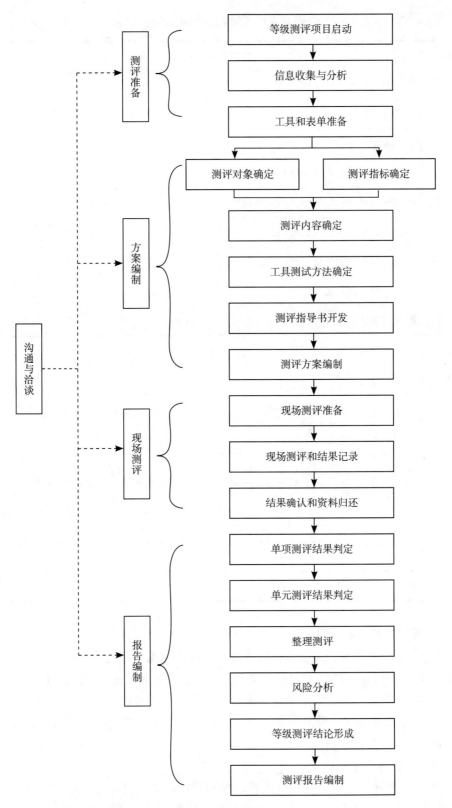

图 2-2　测评工作流程图

表 2-2　各阶段工作时间段

阶段	关键任务	工作时间
测评准备	项目启动会议，项目组确定	2~3 天
	制定项目计划书	
	信息收集与分析	
	测评工具、模拟环境及文档、表单准备	
方案编制	确定测评对象和定级系统的测评指标	2~3 天
	确定测评对象的指标以及测评方法	
	确定工具测试的测评对象、路径和接入点	
	开发、验证测评指导书	
	测评方案制定与评审	
现场测评	召开测评首次会，签授权书，风险告知等	一周
	现场测评与结果记录	
	测评结束会，测评结果签字确认及材料归还	
报告编制	单项测评结果判定与汇总	7~8 周
	单元测评结果判定与汇总	
	整体分析	
	风险分析与整改建议	
	测评报告制定与评审	
	报告交付与项目验收	

（6）测评方案编制。根据委托测评协议书和填好的调研表格，提取项目来源、测评委托单位整体信息化建设情况及被测系统与单位其他系统之间的连接情况等，将测评活动所依据的标准进行罗列，估算现场测评工作量，编制工作安排情况和具体测评计划，汇总上述内容及方案编制活动的其他任务获取的内容形成测评方案文稿。

（7）应急预案编制。根据测评范围界定的电力监控系统，测评机构在运行单位的配合下编制测评风险应急预案。

2.3.2.4　现场测评

（1）现场测评准备。运行单位签署现场测评授权书，召开测评现场首次会。测评机构介绍测评工作，交流测评信息，进一步明确测评计划和方案中的内容，说明测评过程中具体的实施工作内容，测评时间安排等。测评双方确认现场测评需要的各种资源，包括测评委托单位的配合人员和需要提供的测评条件等，确认被测系统已备份过系统及数据。

（2）现场测评和结果记录。测评人员与被测系统有关人员（个人/群体）进行交流、讨论等活动，获取相关证据，了解有关信息，形成完整过程文档记录并妥善保管。

检查《信息安全技术　网络安全等级保护基本要求》（GB/T 22239）中规定的必须具有的制度、策略、操作规程等文档是否齐备。检查是否有完整的制度执行情况记录，如机房出入登记记录、电子记录、高等级系统的关键设备的使用登记记录等。

根据测评结果记录表格内容，利用上机验证的方式检查应用系统、主机系统、数据库系统以及网络设备的配置是否正确，是否与文档、相关设备和部件保持一致，对文档审核的内容进行核实（包括日志审计等）。

根据测评指导书，利用技术工具对系统进行测试，包括基于网络探测和基于主机审计的漏洞扫描、渗透性测试、性能测试、入侵检测和协议分析等，备份测试结果。

根据被测系统的实际情况，测评人员到系统运行现场通过实地的观察人员行为、技术设施和物理环境状况判断人员的安全意识、业务操作、管理程序和系统物理环境等方面的安全情况，测评其是否达到了相应等级的安全要求。

在对电力监控系统进行测评时，运行单位能够提供备用设备搭建临时模拟测试环境的，优先考虑模拟真实系统的结构、配置、数据、业务流程，以保证测评最大程度接近真实情况。

对位于生产控制大区内的电力监控系统在无法搭建模拟测试环境的情况下，原则上不采用工具进行测评，而是采用人工进行测评。

现场测评人员必须遵守电力监控系统的相关操作章程，以防止敏感信息泄漏和确保及时处理意外事件。

对直接涉及电力生产的电力监控系统的测评工作，应避开电力生产敏感时期。

测评实施中，为防止发生影响电力监控系统运行的安全事件，应当根据测评对象的不同采取相应的风险控制手段。

（3）结果确认和资料归还。运行单位召开测评现场结束会，测评双方对测评过程中发现的问题进行现场确认。测评机构归还测评过程中借阅的所有文档资料，并由测评委托单位文档资料提供者签字确认。

2.3.2.5 分析与报告编制

（1）单项测评结果判定。针对测评指标中的单个测评项，结合具体测评对象，客观、准确地分析测评证据，形成初步单项测评结果。

（2）整体测评。针对单项测评结果的不符合项，采取逐条判定的方法，从安全控制点、安全控制点间和层面间出发考虑，给出整体测评的具体结果。

（3）风险分析。测评人员依据等级保护的相关规范和标准，采用风险分析的方法分析等级测评结果中存在的安全问题可能对被测系统安全造成的影响。

（4）等级测评结论形成。测评人员在测评结果汇总的基础上，找出系统保护现状与等级保护基本要求之间的差距，并形成等级测评结论。经测评，电力监控系统存在违反结构优先原则的，测评机构在测评报告中的等级测评结论应为不符合。

（5）测评报告编制。测评人员整理前面几项任务的输出 / 产品，编制测评报告相应部分。测评报告应包括但不局限于以下内容：概述、被测系统描述、测评对象说明、测评指标说明、测评内容和方法说明、单元测评、整体测评、测评结果汇总、风险分析和评价、等级测评结论、整改建议等。

2.3.3 电力监控系统安全防护评估

2.3.3.1 评估形式选择

电力监控系统运行单位、调度机构、主管部门根据国家及行业政策文件、管辖范围内电力监控系统所在的生命周期、安全保护级别等要素分析评估周期和评估形式。

电力监控系统运行单位对本单位安全保护等级为第三级或第四级的电力监控系统定期组织开展自评估工作，评估周期原则上不超过 1 年；对安全保护等级为第二级的电力监控系统定期组织开展自评估工作，评估周期原则上不超过两年。

电力监控系统运行单位在安全保护等级为第三级或第四级的电力监控系统投运前或发生重大变更时，委托电力监控系统评估机构进行上线安全评估；安全保护等级为第二级的电力监控系统可自行组织开展上线安全评估。

电力监控系统安全供应商在安全保护等级为第三级或第四级的电力监控系统设计、开发完成后，委托电力监控系统评估机构进行型式安全评估；安全保护等级为第二级的电力监控系统可自行组织开展型式安全评估。

电力调度机构在定期收集、汇总调管范围内各运行单位自评估结果的基础上，自行组织或委托评估机构开展调管范围内电力监控系统的自评估工作，省级以上调度机构的自评估周期最长不超过 3 年，地级及以下调度机构自评估周期最长不超过两年。

主管部门根据实际情况对各运行单位的电力监控系统或调度机构调管范围内的电力监控系统组织开展检查评估。

2.3.3.2 评估准备

（1）成立评估工作组。组建安全评估项目组，获取运行单位及被评估系统的基本情况，从基本资料、人员、计划安排等方面为整个安全评估项目的实施做基本准备。

（2）确定评估范围。召开评估组工作会议确定评估范围，评估范围包括代表被评估系统的所有关键资产。评估范围确定后，运行单位管理人员根据选定的内容进行资料的准备工作。

（3）评估工具准备。评估项目组根据收到的评估资料，进行评估工具的准备。

（4）准备应急措施。评估项目组在运行单位的配合下制定应急预案，确保在发生紧急事件时不对电力监控系统正常运行产生大的影响。

2.3.3.3 现场评估

（1）资产评估。评估人员依据电力监控系统安全防护总体方案和国家等级保护相关要求对电力监控系统的评估对象进行资产识别和赋值，确定其在电力生产过程中的重要性。

（2）威胁评估。根据电力监控系统的运行环境确定面临的威胁来源，通过技术手段、统计数据和经验判断来确定威胁的严重程度和发生的频率，对威胁进行识别和赋值。

（3）脆弱性评估。识别资产本身的漏洞，分析发现管理方面的缺陷，综合评价该资产或资产组（系统）的脆弱性，对脆弱性进行识别和赋值。

（4）安全防护措施确认。对已有安全防护措施进行识别，确定防护措施是否发挥了应有的作用。

2.3.3.4　分析与报告编制

（1）数据整理。将资产调查、威胁分析、脆弱性分析中采集到的数据按照风险计算的要求，进行分析和整理。

（2）风险计算。采用矩阵法或相乘法，根据资产价值、资产面临的威胁和存在的脆弱性赋值等情况对资产面临的风险进行分析和计算。

（3）风险决策。在风险排序的基础上，分析各种风险要素、评估系统的实际情况和计算消除或降低风险所需的成本，并在此基础上决定对风险采取接受、消除或转移等处理方式。

（4）安全建议。根据风险决策提出的风险处理计划，结合资产面临的威胁和存在的脆弱性，经过统计归纳形成安全解决方案建议。

（5）评估报告编制。评估人员整理前面几项任务的输出／产品，编制评估报告相应部分。评估报告应包括但不局限于以下内容：概述、评估对象描述、资产识别与赋值、威胁分析、脆弱性分析、安全措施有效性分析、风险计算和分析、安全风险整改建议等。

2.4　安全整改

2.4.1　安全整改概述

电力监控系统安全整改是等级保护的重要环节。本活动主要针对等级测评、安全评估、安全自查、监督检查工作中发现的安全问题进行有计划地建设整改，确保电力监控系统安全保护能力满足相应等级的安全要求。

2.4.2　整改方案制定

（1）安全整改立项。根据等级测评、安全评估、安全自查以及监督检查的结果确定安全整改策略：如果涉及安全保护等级的变化，则应进入安全保护等级保护实施的一个新的循环过程；如果安全保护等级不变，但是调整内容较多、涉及范围较大，则应对安全整改项目进行立项，重新开始安全实施／实现过程，参见《信息安全技术　信息系统安全等级保护实施指南》（GB/T 25058）第 7 章；如果调整内容较小，则可以直接进行安全整改。

根据安全问题类型确定整改优先级：首先整改因不满足"安全分区、网络专用、横向隔离、纵向认证"原则导致的安全问题，强化边界防护；配置等较易整改的技术问题，尽快整改；整改周期长、难度大的安全问题，制定长期整改计划，按照整体设计、逐步实施的原则进行。对于行业普遍存在的、整改难度较大的系列安全问题，可在行业主管部门的指导下，联合行业内其他单位共同选出典型单位，进行试点实施，形成经典案例，确认无误后实施整改。管理类安全问题应尽快整改，完善管理制度体系。

明确整改配合单位：技术类安全问题，应联合设计单位、开发单位、供应商以及其他运行单位共同进行，并在上级主管部门的指导下进行。系统运营单位在针对评估或测评所发现的问题进行安全整改时，从开发单位、设备供应商获得技术支持有难度的，应上报集团公司、上级主管部门或行业主管部门统一规划部署，以合适的方式督促系统和设备原厂提供商支持、配合系统单位的安全加固整改，有效落实网络安全整改措施。

（2）制定安全整改方案。确定安全整改的工作方法、工作内容、人员分工、时间计划等，制定安全整改方案。小范围内的安全改进，如安全加固、配置加强、系统补丁、管理措施落实等也需制定安全整改方案控制整改次生风险，大范围的改进，如系统重新设计等，需纳入技术改造项目。整改时间计划应综合考虑业务运行周期及特点，所有整改工作应以不影响生产运行为前提条件。应对整改措施的有效性和可行性进行评估。

（3）安全整改方案审核。依据行业相关要求，电力调度机构、发电厂、变电站等运行单位的电力监控系统安全整改方案经本企业的上级专业管理部门和信息安全管理部门以及相应电力调度机构审核通过后再实施。

2.4.3 安全整改实施

（1）安全整改实施控制。在安全整改方案实施过程中，应对实施质量、风险服务、变更、进度和文档等方面的工作进行监督控制和科学管理，保证系统整改处于等级保护制度所要求的框架内，具体内容参见《信息安全技术 信息系统安全等级保护实施指南》（GB/T 25058）。另外，整改实施过程中应做好保密措施。

（2）技术措施整改实施。主要工作内容是依据整改方案落实技术整改，如安全加固、配置加强、系统补丁等。技术措施整改实施首先在测试环境中测试和验证通过后，再部署到实际生产环境中，并尽量选择大小修期间、停机状态进行，避免对生产过程造成影响。

（3）配套技术文件和管理制度的修订。安全整改技术实施完成之后，应调整和修订各类相关的技术文件和管理制度，保证原有电力监控系统安全防护体系的完整性和一致性。

（4）管理措施整改实施。管理类安全问题的整改可与技术类安全问题的整改同步进行，确保尽快完善管理制度体系，并实现技术措施和管理措施相互促进、相互弥补。

2.4.4 安全整改验收

安全整改验收应先由等级测评机构出具测评、评估报告，作为验收技术依据，再邀请行业主管部门以及其他相关单位参与。根据验收结果，出具安全整改验收报告。

2.5 退运

2.5.1 退运概述

电力监控系统退运阶段是等级保护实施过程中的最后环节。在电力监控系统生命周期中，有些系统并不是真正意义上的退运，而是改进技术或转变业务到新的电力监控系统，对于这些电力监控系统在退运处理过程中应确保信息转移、设备迁移和介质销毁等方面的安全。

2.5.2 信息转移、暂存和清除

（1）识别要转移、暂存和清除的信息资产。根据要退运的电力监控系统的信息资产清单，识别重要信息资产、所处的位置以及当前状态等，列出需转移、暂存和清除的信息资产的清单。

（2）信息资产转移、暂存和清除。根据信息资产的重要程度制定信息资产的转移、暂存、清除的方法和过程。如果是涉密信息，应该按照国家相关部门的规定进行转移、暂存和清除。

（3）处理过程记录。记录信息转移、暂存和清除的过程，包括参与的人员，转移、暂存和清除的方式以及目前信息所处的位置等。

2.5.3 设备迁移或退运

（1）软硬件设备识别。根据要退运的电力监控系统的设备清单，识别要被迁移或退运的硬件设备、所处的位置以及当前状态等，列出需迁移、退运的设备的清单。

（2）制定硬件设备处理方案。根据规定和实际情况制定设备处理方案，包括重用设备、退运设备、敏感信息的清除方法等。

（3）处理方案审批。包括重用设备、退运设备、敏感信息的清除方法等的设备处理方案应该经过主管领导审查和批准。

（4）设备处理和记录。根据设备处理方案对设备进行处理，如果是涉密信息的设备，其处理过程应符合国家相关部门的规定；记录设备处理过程，包括参与的人员、处理的方式、是否有残余信息的检查结果等。

2.5.4 存储介质的清除或销毁

（1）识别要清除或销毁的介质。根据要退运的电力监控系统的存储介质清单，识别载有重要信息的存储介质、所处的位置以及当前状态等，列出需清除或销毁的存储介质清单。

（2）确定存储介质处理方法和流程。根据存储介质所承载信息的敏感程度确定对存储介质的处理方式和处理流程。存储介质的处理包括数据清除和存储介质销毁等。对于存储涉密信息的介质应按照国家及行业有关规定进行处理。

（3）处理方案审批。包括存储介质的处理方式和处理流程等的处理方案应该经过审查和批准。

（4）存储介质处理和记录。根据存储介质处理方案对存储介质进行处理，记录处理过程，包括参与的人员、处理的方式、是否有残余信息的检查结果等。

3 水电厂电力监控系统安全防护基本要求

3.1 基础设施安全

3.1.1 机房总体结构

3.1.1.1 机房定义

机房：为信息设备提供运行环境的场所，主要用于信息处理、存储、交换和传输设备的安装和运行的建筑空间，包括服务器机房、网络机房、存储机房等功能区域。电力监控系统机房基础设施安全基本要求包括机房总体结构、位置选择、设备布置、电气要求、机房建筑与装饰、空气调节、静电防护、机房布线、机房监控与安全防范等方面。

3.1.1.2 机房分类

机房原则上可以划分为主机房和辅助区。

主机房：主要用于信息处理、存储、交换和传输设备的安装和运行的建筑空间，包括服务器机房、网络机房、存储机房等功能区域。主要部署生产控制大区的设备，包括：①服务器（电力监控系统服务器、工程师站）；②安全设备（防火墙、隔离装置、入侵检测、安全审计和防病毒）；③网络设备（网络交换机、工业交换机、路由器）；④调度数据网设备（路由器、纵向加密装置、交换机）；⑤通信设备（SDH 传输设备、调度电话设备、厂内光纤系统设备）；⑥ UPS 不间断电源；⑦机房精密空调；⑧机房消防设备；⑨水敏感检测设备；⑩动力环境监控系统设备（门禁、工业电视等）。

辅助区：用于信息设备和软件的安装、调试、维护、运行监控和管理的场所，包括进线间、测试机房、监控中心、备件库等。包括：①服务器（操作员站主机）；②网络设备（网络交换机）；③机房精密空调；④机房消防设备；⑤水敏感检测设备。

水电厂电力监控系统主机房总体结构见图 3-1。

3.1.1.3 建设原则

水电厂新机房的建设和旧机房的改造应满足监控机房基础设施安全基本要求，水电厂电力监控系统应集中部署在主机房，统一物理安全防护要求，如机房内的场地主要设施如电源、核心设备应按冗余要求配置，场地设施具有冗余能力，避免因设备故障而导致系统运行中断。避免不同系统部署于多个的机房，造成物理防护措施不统一，落实不到位。

在运电厂机房按本要求落实整改，针对难以整改的问题通过其他措施进行弥补。

新建电厂机房应按本要求严格落实。

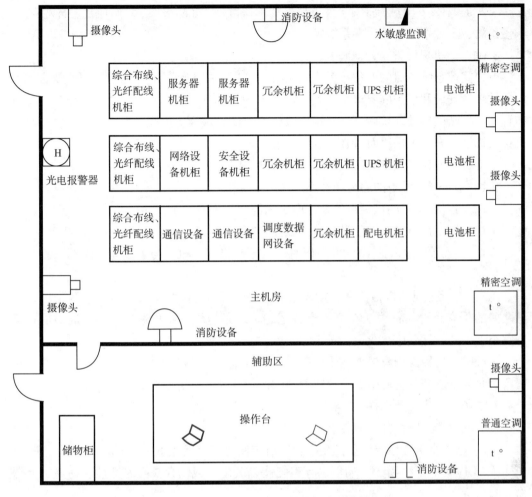

图 3-1 水电厂电力监控系统主机房总体结构图

3.1.1.4 机房设备部署

机房设备宜采用分区布置，一般可分为服务器区、网络设备区、安全设备区、监控操作区等。具体划分可根据系统配置及实际情况而定，但应遵循下列原则：

（1）主机房运行设备与设备监控操作室宜连在一起，并用厚层防火玻璃隔离。

（2）需要经常监视或操作的设备布置应尽量靠近方便出入的位置。

（3）易产生尘埃及废物的设备应远离对尘埃敏感的设备，并宜集中布置在靠近机房的回风口处。

机房机柜宜采用分柜布置，一般可分为生产控制大区Ⅰ区机柜、生产控制大区Ⅱ区机柜、调度数据网机柜以及管理信息大区机柜。具体划分可根据系统配置及实际情况而定，但应遵循下列原则：

（1）电力监控系统机房应对设备进行划分区域，生产控制大区Ⅰ区和Ⅱ区设备划分不同区域，避免生产控制大区Ⅰ区和Ⅱ区的设备部署在同一机柜。

（2）应划分安全域，将安全设备部署在同一区域，如防火墙、纵向加密、隔离装置、入侵检测、安全审计、防病毒系统等。

3.1.1.5 机房设备布置空间要求

电力监控系统机房的设备布置应满足机房管理、人员操作和安全、设备和物料运输、设备散热、安装和维护的要求。产生尘埃及废物的设备应远离对尘埃敏感的设备，并宜布置在有隔断的单独区域内。当机柜内或机架上的设备为前进风／后出风方式冷却时，机柜或机架的布置宜采用面对面、背对背方式。

主机房内通道与设备间的距离应符合下列规定：

（1）用于搬运设备的通道净宽不应小于 1.5m。

（2）面对面布置的机柜或机架正面之间的距离不宜小于 1.2m。

（3）背对背布置的机柜或机架背面之间的距离不宜小于 1m。

（4）当需要在机柜侧面维修测试时，机柜与机柜、机柜与墙之间的距离不宜小于1.2m。

（5）成行排列的机柜，其长度超过 6m 时，两端应设有出口通道；当两个出口通道之间的距离超过 15m 时，在两个出 H 通道之间还应增加出口通道。出口通道的宽度不宜小于 1m，局部可为 0.8m。

主机房的使用面积应根据电子信息设备的数量、外形尺寸和布置方式确定，并应预留今后业务发展需要的使用面积；辅助区的面积宜为主机房面积的 0.2~1 倍。

3.1.1.6 机房位置选择

机房位置选择应符合下列要求：

（1）电力供给应稳定可靠，交通、通信应便捷，自然环境应清洁。

（2）应远离产生粉尘、油烟、有害气体以及生产或储存具有腐蚀性、易燃、易爆物品的场所。

（3）应远离水灾和火灾隐患区域。

（4）应远离强振源和强噪声源。

（5）应避开强电磁场干扰，并远离强振源和强噪声源；当无法避开强干扰源、强振源或为保障信息系统设备安全运行，可采取有效的屏蔽措施。

（6）机房场地不宜设在建筑物的顶层或西晒房间，避免设在建筑物的一楼或地下室，以及用水、油、气设备的下层或隔壁，机房周围房间不宜存放危险品。

（7）机房避免出现玻璃窗和玻璃门，如出现玻璃材料，应采用防爆玻璃。

（8）机房墙壁避免留有洞口，机房应密闭防止灰尘干扰。

对于多层或高层建筑物内的电力监控系统机房，在确定主机房的位置时，应对设备运输、管线敷设、雷电感应和结构荷载等问题进行综合分析和经济比较；采用机房专用空调的主机房，应具备安装空调室外机的建筑条件。

机房位置不宜选择在楼房的底层或顶层，选择的位置应方便综合布线施工。

3.1.2　电气一般规定

3.1.2.1　供配电系统一般规定

机房用电负荷等级及供电要求应符合现行国家标准《供配电系统设计规范》（GB 50052）相关要求。

（1）机房应采用双路交流市电供电，电源点出线应来自不同母线，电源点宜来自不同变电站。

（2）机房应配置不低于两套高频开关电源，电源进线采用双路自动切换供电方式。

（3）机房内的低压配电系统中性线不应与保护地线连接，配电线路的中性线截面积不应小于相线截面积，单相负荷应均匀地分配在三相线路上。

（4）敷设在隐蔽通风空间的低压配电线路应采用阻燃铜芯电缆，电缆应沿线槽、桥架或局部穿管敷设；当电缆线槽与通信线槽并列或交叉敷设时，配电电缆线槽应敷设在通信线槽的下方。活动地板下作为空调静压箱时，电缆线槽（桥架）的布置不应阻断气流通路。

（5）主机房内宜设置专用动力配电柜（箱）。机房内其他电力负荷不得由机房专用电源系统供电，计算机系统设备电源应与照明、空调等设备电源分开，机房计算机系统电源与照明、空调等设备电源配电柜应分开设置。

（6）机房电源进线应采用地下电缆进线，按现行国家标准《建筑防雷设计规范》（GB 50057）采取防雷措施；机房电源进线应采用多级防雷措施。

（7）主机房内应分别设置维修和测试用电源插座，两者应有明显区别标志。测试用电源插座可由机房电源系统供电，维修用电源插座应由非专用机房电源供电。

（8）主机房内活动地板下部的低压配电线路宜采用铜芯屏蔽导线或铜芯屏蔽电缆；活动地板下部的电源线应尽可能远离设备信号线，并避免混合敷设。当不能避免时，应采取相应的屏蔽措施。

（9）机房配电宜使用智能 PDU，支持带外管理，可远程控制单个供电通道开启、关闭；支持过流、短路等故障情况下单独断开故障设备的供电通道；每个机柜配备 2 条智能 PDU，分别从 2 套独立的 UPS 系统供电。

3.1.2.2　不间断电源系统要求

信息设备应由不间断电源系统供电。不间断电源系统应有自动和手动旁路装置。确定不间断电源系统的基本容量时应留有余量。不间断电源系统的基本容量可按式（3-1）计算：

$$E \geqslant 1.2EP \tag{3-1}$$

式中　E——不间断电源系统的基本容量（不包含备份不间断电源系统设备），kW/（kV·A）；

P——信息设备的计算负荷，kW/（kV·A）。

主设备区重要负荷采用交流供电方式时，宜采用不少于两路 UPS 供电，UPS 设备的负荷不得超过额定输出的 70%，采用双 UPS 供电时，单台 UPS 设备的负荷不应超过额定输出功率的 35%，UPS 提供的后备电源时间不应小于 2h。

外部供电电压不能满足机房要求的，可采用双路具有稳压能力的 UPS 供电，或采用其他具有稳压能力的设备。机房供电线路上配置稳压器和过电压防护设备，应控制电力在 10% 以内的波动范围。

暂不具备双路独立电源供电的，应配备柴油发电机作为后备电源。具备双路独立电源供电的，可配备柴油发电机作为后备电源。

不间断电源系统应采用阀控式密封铅酸蓄电池，在环境温度不超过 30℃ 情况下，其浮充运行寿命应大于等于 8 年。

3.1.2.3 室内照明一般要求

技术夹层内应设置照明，采用单独支路或专用配电箱（柜）供电。

主设备区和辅助区内的主要照明光源应采用高效节能荧光灯或者机房用 LED 灯，荧光灯镇流器的谐波限值应符合《电磁兼容　限值　谐波电流发射限值（设备每相输入电流 ≤ 16A）》（GB 17625.1）的规定，灯具应采用分区、分组的控制措施，通信机房工作照明光源不宜安装于机柜垂直上方，宜安装于过道垂直上方。

主机房和辅助区内应设置备用照明，备用照明的照度值不应低于一般照明照度值 10%；有人值守的房间，备用照明的照度值不应低于一般照明照度值的 50%；备用照明可为一般照明的一部分。

工作区域内一般照明的照明均匀度不应小于 0.7，非工作区域内的一般照明照度值不宜低于工作区域内一般照明照度值的 1/3。

机房应设置通道疏散照明及疏散指示标志灯，应符合《消防应急照明和疏散指示系统》（GB 17945）相关技术要求。主设备区通道疏散照明的照度值不应低于 5lx，其他区域通道疏散照明的照度值不应低于 0.5lx。

机房内不应采用 0 类灯具，当采用 I 类灯具时，灯具的供电线路应有保护线，保护线应与金属灯具外壳做电气连接。

机房应设置应急照明和安全出口标志灯，主机房应急照明其照度不应低于 50lx，主要通道应急照明其照度不应低于 5lx。大面积照明场所的灯具宜分区、分段设置开关。

3.1.2.4 照度要求

照度标准值宜符合表 3-1 的规定，照度标准值的参考平面为 75cm 水平面。

表 3-1　独立通信机房工作照明照度标准值

房间名称	照度标准值（lx）	统一眩光值	一般显色指数
主设备区	500	22	80
辅助区	500	19	

辅助区的视觉作业宜采取下列保护措施：

（1）视觉作业不宜处在照明光源与眼睛形成的镜面反射角上。

（2）辅助区宜采用发光表面积大、亮度低、光扩散性能好的灯具。

（3）视觉作业环境内宜采用低光泽的表面材料。

机房应配备事故应急照明，照度不应低于60lx。事故应急照明应符合以下要求：

（1）主设备区应设置事故应急照明，其照度不应低于5lx。

（2）主要通道及有关房间依据需要可设应急照明，其照度不应低于1lx。

（3）机房内安全出入口应设置停电照明设备。

灯具安装位置、方向应符合以下要求：

（1）根据机房设备的放置，机柜的排列方向来安排灯具的位置和方向，适应人在机房内的操作。

（2）照明线路宜穿钢管暗敷或在吊顶内穿钢管明敷。

（3）大面积照明场所的灯具宜分区、分片设置开关。

（4）照明系统应设单独的供电线路和配电箱（盘）。

（5）蓄电池室应采用防爆灯盘。

3.1.3　机房建筑与装饰

3.1.3.1　一般规定

机房的建筑平面和空间布局应具有适当的灵活性，主机房的主体结构宜采用大开间大跨度的柱网，内隔墙宜具有一定的可变性。结构应具有耐久、抗震、防火、防止不均匀沉陷等性能，变形缝和伸缩缝不应穿过主机房。

（1）主机房净高，应按机柜高度和通风要求确定，一般且不宜小于2.6m，门高应大于2.1m，门宽应大于1.4m，应有措施保证信息机房各类设备顺利进出机房和所在建筑物，对门、过道、电梯提出相应要求。

（2）主机房楼板荷重依设备而定。供电电池设备用房的楼板荷重应依设备重量而定，一般应不小于1000kg/m，或采取加固措施。

（3）内隔墙宜采用不锈钢框架和0.8~1cm厚度的优质透明玻璃隔离。

（4）主机房和辅助区不应布置在用水区域的垂直下方，不应与振动和电磁干扰源为邻。围护结构的材料应满足保温、隔热、防火、防潮、少产尘等要求。

（5）机房内应尽量避免强噪声、电磁干扰、振动及静电，其参数应满足如下要求：

1）机房内的噪声，在系统设备停机条件下，应小于68dB；

2）主机房内无线电干扰场强，在频率为0.15~1000MHz时，不应大于126dB；

3）主机房内磁场干扰，环境场强不应大于800A/m；

4）在系统设备停机条件下，主机房地板表面垂直及水平方向的振动加速度值，不应大于500mm/s^2。

（6）机房的耐火等级应符合现行国家标准《建筑设计防火规范》（GB 50016）及《计算站场地安全要求》（GB 9361）的规定。当主机房与其他建筑物合建时，应单独设计防火分区。

（7）主机房中各类管线宜暗敷，当管线需穿楼层时，宜设技术竖井。室内顶棚上安装的灯具、风口、火灾探测器及喷嘴等应协调布置，并应满足各专业的技术要求。

3.1.3.2 出入口通道

主机房宜设置单独出入口，当与其他功能用房共用出入口时，应避免人流、物流的交叉，若长度超过 15m 或面积大于 100m^2 的机房必须设置两个及以上出口，并宜设于机房的两端。门应向疏散方向开启，走廊、楼梯间应畅通并有明显的出口指示标志。

机房建筑的入口至主机房应设通道，通道净高不低于 2.5m，净宽不应小于 1.5m。

主机房和基本作间的更衣换鞋间使用面积可按最大班人数的每人 1~3m^2 计算。当无条件单独设更衣换鞋间时，可将换鞋、更衣柜设于机房入口处。

3.1.3.3 室内装饰

室内装修设计选用材料的燃烧性能应符合《建筑内部装修设计防火规范》（GB 50222）。

主机房的装饰，应选用气密性好、不起尘、易清洁、防火或非燃烧，并在温、湿度变化作用下变形小的材料，墙壁和顶棚表面应平整、减少积灰面，并避免眩光。不得使用强吸湿性材料及未经表面改性处理的高分子绝缘材料作为面层。门窗、墙壁、地（楼）面的构造和施工缝隙，均应采取密闭措施。当主机房和基本工作间设有外窗时，应采用双层密闭窗，并避免阳光的直射。

主机房吊顶上方作为敷设管线用时，其四壁应粉刷平整，应涂刷油漆；当吊顶以上空间为静压箱时，则顶部及四壁均应抹灰，并刷不易脱落的涂料，其管道的饰面，亦应选用不起尘的材料。顶棚墙壁、天花板和管线宜刷不易脱落的黑色涂料。屋顶应做保温处理，避免结露。

主机房活动地板下的地面和四壁装饰，可采用水泥砂浆抹灰。地面材料应平整、耐磨。当活动地板下的空间为静压箱时，四壁及地面均应选用不起尘、不易积灰、易于清洁的饰面材料。当主机房内设有用水设备时，应采取防止水漫溢和渗漏措施。

主机房地面设计应满足使用功能要求：当需要时可敷设活动地板。当铺设防静电地板时，活动地板的高度应根据电缆布线和空调送风要求确定，并应符合下列规定：

（1）活动地板下空间只作为电缆布线使用时，地板高度不宜小于 250mm。活动地板下的地面和四壁装饰，可采用水泥砂浆抹灰。地面材料应平整、耐磨。

（2）活动地板下的空间既作为电缆布线，又作为空调静压箱时，地板高度不宜小于 400mm。

（3）活动地板下的地面和四壁装饰应采用不起尘、不易积灰、易于清洁的材料。楼板或地面应采取保温防潮措施，地面垫层宜配筋，围护结构宜采取防结露措施。

其他工作间和辅助间的装饰材料可根据需要选用不起尘、易清洁、防火或非燃烧的材料，墙壁和顶棚表面应平整，减少积灰面，装饰材料可根据需要采取防静电措施。地面材料应平整、耐磨、易除尘。当辅助房间内有强烈振动的设备时，设备及其通往主机房的管道，应采取隔振措施。

主机房走线宜采用在静电地板下面设置线架或管槽单独走线，需要采用机房上方走线的应固定好上方走线槽，电力线和信号线应单独铺设，走线要求整齐美观安全。

3.1.3.4　防小动物要求

机房应具有防小动物措施，机房出入口应装设防护挡板，其高度不应低于 50cm，应便于拆卸且表面采用抛光金属等光滑材质。机房各孔洞应做防火封堵处理。

3.1.4　空气调节

3.1.4.1　一般规定

主机房、辅助区和监控中心，均应设置空气调节系统。

主机房宜设置独立的空调系统和新风系统；辅助区与其他房间的空调参数不同时，宜分别设置空调系统，机房的空调设计，应符合《工业建筑供暖通风与空气调节设计规范》（GB 50019）、《建筑设计防火规范》（GB 50016）的规定。

机房、辅助区的温、湿度必须满足设备的要求。

3.1.4.2　设备选择

空调设备的选用本着运行可靠、经济和节能的原则，并遵循下列要求：

（1）空调系统和设备选择应根据设备类型、机房面积、发热量及对温、湿度和空气含尘浓度的要求综合考虑。

（2）空调冷冻设备宜采用带风冷冷凝器的空调机。当采用水冷机组时，对冷却水系统冬季应采取防冻措施。

（3）空调和制冷设备宜选用高效、低噪声、低振动的设备。

（4）空调制冷设备的制冷能力，应根据今后设备增加情况留有 15%~50% 的余量。

（5）当设备需长期连续运行时，空调系统应有备用装置。

（6）选用机房专用空调时，空调机应带有通信接口，通信协议应满足机房监控系统的要求，显示屏宜有汉字显示，温度超出范围应具备报警功能。

（7）空调设备的空气过滤器和加湿器应便于清洗和更换，设备安装应留有相应的维修空间。

（8）机房空调应具有来电自动重启动功能。

机房宜采用恒温恒湿专用精密空调，辅助区和监控中心的空调根据具体情况选定。空调应具有停电自动启动功能，且机房空调应满足 7×24h 连续工作。

3.1.4.3　温、湿度要求

主机房和辅助区内的温度、相对湿度应满足电子信息设备的使用要求；设置温、湿度越限报警系统。主机房温度控制在 20~26℃；湿度控制在 35%~75%；停机时温度控制在 5~35℃，相对湿度控制在 20%~80%。辅助区温度控制在 18~28℃；湿度控制在 35%~75%；停机时温度控制在 5~35℃，相对湿度控制在 20%~80%。

（1）机房要求空调的房间宜集中布置；室内温、湿度要求相近的房间，宜相邻布置。

（2）主机房不宜设采暖散热器。如设散热器，必须采取严格的防漏措施。

（3）机房的风管及其他管道的保温和消声材料及其粘结剂，应选用非燃烧材料或难燃烧材料。

（4）冷表面需作隔气保温处理。采用活动地板下送风方式时，楼板应采取保温措施。

风管不宜穿过防火墙和变形缝。如必须穿过时，应在穿过防火墙处设防火阀；穿过变形缝处，应在两侧设防火阀。防火阀应既可手动又能自控。穿过防火墙，变形缝的风管两侧各 2m 范围内的风管保温材料，必须采用非燃烧材料。

机房必须维持一定的正压。机房与其他房间、走廊间的压差不应小于 4.9Pa，与室外静压差不应小于 9.8Pa。

系统的新风量应取下列三项中的最大值：

（1）室内总送风量的 5%。

（2）按工作人员每人 40m³/h。

（3）维持室内正压所需风量。

主机房的空调送风系统，应设初效、中效两级空气过滤器，中效空气过滤器计数效率应大于 80%，末级过滤装置宜设在正压端或送风口。

机房在冬季需送冷风时，可取室外新风作冷源。

机房空气调节控制装置应满足电力监控系统设备对温、湿度以及防尘对正压的要求。

3.1.4.4　防水防潮一般规定

机房应尽量避开水源，与机房无关的给排水管道不得穿过主机房。

（1）机房应在机房地板下、存在给排水管道等区域以及窗户附近区域安装水敏感检测仪表或元件，检测设备应接入到机房动力环境监测系统，在发生漏水时能够及时检测到并进行报警。

（2）机房内的设备需要用水时，其给排水管应暗敷。管道穿过机房墙壁和楼板处，应设置套管，管道与套管之间应采取可靠的密封措施。机房内的给排水管道应采用阻燃烧材料保温。机房内的给排水管道必须有可靠的防渗漏措施，暗敷的给水管宜用无缝钢管，管道连接宜用焊接。

（3）机房内如设有地漏，地漏下应加设水封装置，并有防止水封破坏的措施。机房屋顶和墙壁如有出现过渗水，应对窗户进行密封处理或拆除窗户，对墙壁粉刷防水涂层等，应及时采取防渗透处理措施，并对可能被渗透水危害设备进行重点保护。

（4）机房应根据设备、空调、生活、消防等对水质、水温、水压和水量的不同要求分别设置循环和直流给水系统。

对于新建机房在选址时应该选择建筑内的非顶层以及非边缘区域，并封闭窗户，以此来降低雨水通过窗户、屋顶和墙壁渗透的风险。

3.1.5　静电防护

3.1.5.1　静电防护

机房应采用的活动静电地板。机房宜选用无边活动静电地板，活动地板应符合现行国家标准《防静电活动地板通用规范》（GB/T 36340）的要求。敷设高度应按实际需要确定，宜为 150~500mm，并将地板可靠接地。

（1）机房内的工作台面及坐椅垫套材料应是导静电的，其体积电阻率应为

$1.0 \times 10^{7} \sim 1.0 \times 10^{10} \Omega \cdot m$。

（2）机房内的导体必须与大地作可靠连接，不得有对地绝缘的孤立导体。

（3）导静电地面、活动地板、工作台面和坐椅垫套必须进行静电接地。

（4）静电接地的连接线应有足够的机械强度和化学稳定性，导静电地面和台面采用导电胶与接地导体粘接时，其接触面积不宜小于 $10m^2$。

（5）机房内绝缘体的静电电位不应大于 1kV。

（6）机房和辅助区的地板或地面应有静电泄放措施和接地构造，且应具有防火、环保、耐污耐磨性能。

（7）静电接地的连接线应有足够的机械强度和化学稳定性，宜采用焊接或压接。

3.1.5.2　安全接地

机房应有安全可靠的接地装置。各机房设备根据具体要求，交流工作接地、安全保护接地、直流工作接地、防雷接地等 4 种接地宜共用 1 组接地装置，其接地电阻按其中最小值确定；若防雷接地单独设置接地装置时，其余 3 种接地宜共用 1 组接地装置，其接地电阻不应大于其最小值，并应按现行国家标准《建筑防雷设计规范》（GB 50057）要求采取防止反击措施。机房接地装置的设置应满足人身安全及网络设备正常运行和系统设备的安全要求。

（1）机房应采用下列四种接地方式：

1）交流工作接地，接地电阻不大于 4Ω；

2）安全保护接地，接地电阻不大于 4Ω；

3）直流工作接地，接地电阻应按设备系统具体要求确定；

4）防雷接地，应按现行国家标准《建筑防雷设计规范》（GB 50057）执行。

（2）机房内应围绕机房敷设环形或井字形接地母线。接地母线应采用截面不小于 $30mm \times 2mm$ 的铜排。机房内各种设备和机柜均应以最短距离与接地母线连接。接地母线应与大楼建筑物接地网有效连接。

（3）机房设备的接地应采取单点接地，并宜采取等电位措施。

（4）电力监控系统机房的防雷和接地设计，应满足人身安全及电力监控系统正常运行的要求。机房建筑应设置避雷装置。

（5）重要设备或不间断电源的输入前端应设置防雷保安器，防止感应雷。

（6）设备机柜保护地线宜用多股铜导线，其截面积应根据最大故障电流确定，一般不低于 $25mm^2$。

（7）接地线的连接应确保电气接触良好，连接点应进行防腐处理；接地线应与其他接地线绝缘；供电线路与接地线宜同路径敷设。

3.1.5.3　电磁屏蔽

对涉及国家秘密或企业对商业信息有保密要求的信息机房，应设置电磁屏蔽室或采取其他电磁泄漏防护措施，电磁屏蔽室的性能指标应按国家现行有关标准执行。

（1）电源线和通信线缆应隔离铺设，避免互相干扰。

（2）应采用接地方式防止外界电磁干扰和设备寄生耦合干扰。

（3）应对涉及敏感数据的关键设备和磁介质实施电磁屏蔽，将关键设备和磁介质安置于电磁屏蔽机柜内实现电磁屏蔽。

（4）有人值守的机房、辅助区和监控中心，设备停机时，在主操作员位置测量的噪声值应小于 60dB。

（5）机房和辅助区内无线电干扰在频率为 0.15~1000MHz 时，场强不应大于 126dB。

（6）机房和辅助区内磁场干扰环境场强不应大于 800A/m。

3.1.6　机房布线

3.1.6.1　机房布线一般规定

机房布线应满足强弱电分离原则，分别设置强电、弱电线槽或桥架，电力线和信号线应分别敷设在强电、弱电线槽或桥架内，走线应整齐美观安全。主机房不少于 6 个信息点，其中冗余信息点不少于总信息点的 1/8，辅助区不少于 2 个信息点。信息网络结构应合理、层次清晰，广域网和局域网主干应有冗余通道，具备较高的可靠性，主干传输网设立两个汇聚点，有效保障调度数据的有效传输，水电厂与调度机构之间应具有两种及以上独立路由或不同通信方式的通道。

（1）缆线采用线槽或桥架敷设时，线槽或桥架的高度不宜大于 15cm，线槽或桥架的安装位置应与建筑装饰、电气、空调、消防等协调一致。

（2）强电、弱电线槽或桥架平行敷设时，线槽桥架间距离不应少于 30cm。

（3）强电、弱电线槽或桥架应尽量避免交叉，确需强电、弱电线槽或桥架交叉跨越时，弱电应在强电线槽或桥架之上，交叉部位应做防火隔离措施。

（4）机房上部、地板下都走线时，宜采用强电下走线、弱电上走线的方式。下走线应采用密闭金属槽盒，上走线应采用开放式桥架。

（5）采用上走线安装方式，走线架应在设备位置的正上方，走线架通过标准连接件与机房的地面、墙面、天花板连接成一个整体。走线架距机柜顶部不宜小于 30cm。

1）机房的通信光缆应从两个不同方向进入，并留有检修人 / 手孔。

2）线缆、设备等通信系统基础设施标识应清晰规范。

3）机房内照明、维修用插座电缆应穿镀锌钢管敷设。

4）机房内不带电的金属部件应良好接地。

主设备区宜预先规划好机柜及各类设备安装位置，充分考虑设备互联线缆的芯数容量和长度，一次性敷设到位，并预留适当余量。电缆槽内缆线布放应顺直，尽量不交叉，不应产生扭绞、打圈接头等现象，不应受外力的挤压和损伤，在线缆进出线槽部位、转弯处应绑扎固定，其水平部分缆线每间隔 5~10m 绑扎，垂直线槽布放缆线应在缆线的上端和每间隔 1.5m 固定在缆线支架上。当机房内的机柜或机架成行排列或按功能区域划分时，宜在主配线架和机柜或机架之间设置配线列头柜。

机房、辅助区和监控中心应根据功能要求划分成若干工作区，工作区内信息点的数量应根据需求进行配置。

承担信息业务的传输介质应采用光缆或六类及以上等级的对绞电缆，传输介质各组成部分的等级应保持一致，并应采用冗余配置。

3.1.6.2 机房标签标识

机房整体标签标识可根据设备和机柜的尺寸、大小进行调整。同一种型号设备标识贴在设备的同一位置，粘贴位置要求平整美观，不能遮住设备出厂标识。机房整体标识设计图见图 3-2。

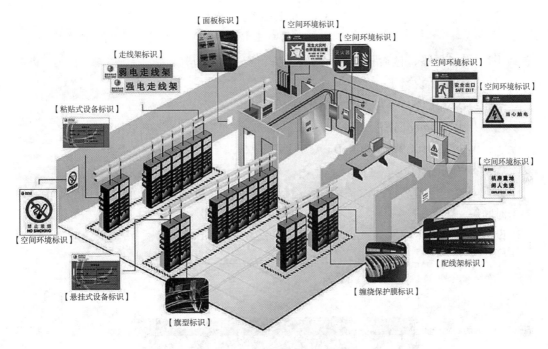

图 3-2 机房整体标识示意图

通信系统资源的标签标识是理清通信系统现场资源的重要手段，是重要设备和重要业务安全运行必不可少的保障措施。也是现场运行和施工人员工作中的关键参考。标签标识系统还包括必要的安全提示警告、操作规范，以及通过不同颜色、形状、材质来区分标明的其他属性。现场标签标识的主要内容有：资产关系；空间位置；承载业务；投运时间；运维人员；业务重要性。

标签位置及要求如下：

（1）机柜名称标识。

位置：单门机柜标签粘贴于机柜门中间

　　　双开门机柜标签粘贴于左门中间

字体：汉字宋体，字母及数字为 Times New Roman

色彩：C100 M5 Y50 K40 PANTONE 3292C，透明度 60%

规格：300mm × 60mm

机柜名称标识示例（图 3-3）：

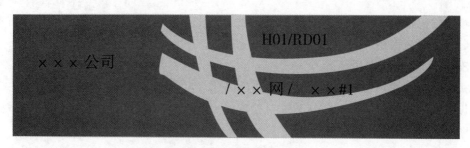

图 3-3　机柜名称标识示例

（2）设备标签，包括服务器、网络设备、安全设备等。

位置：粘贴于设备上

字体：汉字宋体，字母及数字为 Times New Roman

色彩：上方 8mm 白色

　　　下方 C100 M5 Y50 K40 PANTONE 3292C，透明度 60%

规格：90mm×60mm

标识内容：设备名称、设备型号、运行维护单位、负责人、联系电话、投运时间、制卡时间等

设备标识示例（图 3-4）：

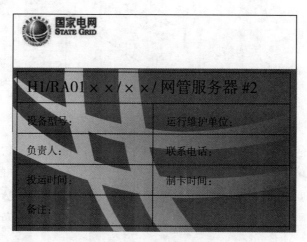

图 3-4　设备标识示例

尺寸：40mm×32mm+40mm

（3）光缆电缆标牌，包括：光缆标牌、同轴电缆标牌、双绞电缆标牌、音频电缆标牌、电源电缆标牌。

字体：汉字宋体，字母及数字为 Times New Roman

形式：采用捆扎形式

尺寸：70mm×50mm，长方式小圆角，左侧有椭圆形吊孔

色彩：C100 M5 Y50 K40 PANTONE 3292C，透明度 60%

上方白色 8mm

线缆标牌示例（图 3-5）：

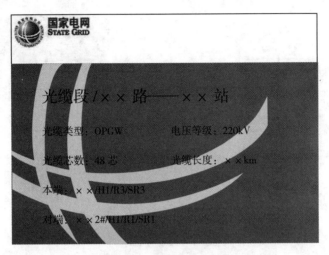

图 3-5　线缆标牌示例

（4）配线架。

字体：汉字宋体，字母及数字为 Times New Roman

规格：150mm×100mm，长方形小圆角，白色

配线架示例（图 3-6）：

光缆段名称 / 对端机框名称	端口序号				
	1	…	…	…	12
光缆段 / ×× 路 —— ×× 站 #2					
×× 站 H3/R2/ SR4 国 / 光纤配 线架 / ××#1					

图 3-6　配线架示例

（5）线缆标签，包括：尾纤标签、2M 线标签、音频线标签、电源线标签、双绞线

标签等。

可根据线缆布放的角度分为 P 型和 T 型：P 型用于垂直走向线缆、T 型用于水平走向线缆，示例见图 3-7：

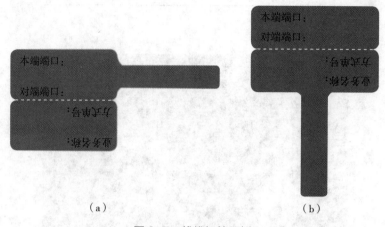

（a） （b）

图 3-7 线缆标签示例

（a）P 型线缆标签；（b）T 型线缆标签

1）尾纤标签、2M 线标签、音频线标签。

位置：粘贴于距端口与线缆连接处 3~5cm 处

字体：汉字宋体，字母及数字为 Times New Roman

规格：蓝色（C55 M35 Y0 K0），对承载保护、安控等重要业务的专用线缆，使用橙色（C0 M35 Y100 K0）

尺寸：33mm×24mm+30mm

2）源线标签。

位置：粘贴于距端口与线缆连接处 3~5cm 处

字体：汉字宋体，字母及数字为 Times New Roman

规格：红色（C0 M100 Y100 K0）

尺寸：33mm×24mm+30mm

3）双绞线标签。

位置：粘贴于距端口与线缆连接处 3~5cm 处

字体：汉字宋体，字母及数字为 Times New Roman

规格：白色（C0 M100 Y100 K0）

3.1.7 消防安全

3.1.7.1 一般规定

主机房、辅助间应设置气体灭火系统及火灾自动报警系统，应符合现行国家标准《气体灭火系统设计规范》（GB 50370）、《火灾自动报警系统设计规范》（GB 50116），同时应符合当地消防部门的有关规定。

（1）主机房、辅助间不间断电源系统和电池室应设置洁净气体（如七氟丙烷等）灭火系统，其他区域也可设置洁净气体灭火系统。

（2）报警系统和自动灭火系统应与空调、通风系统连锁。空调系统所采用的电加热器，应设置无风断电保护。

（3）机房火灾自动报警系统应采用三层布防：吊顶的上、下及活动地板下均应设置探测器；吊顶下及活动地板下应设置喷头，净空高度大于800mm的闷顶和技术夹层内有可燃物时，吊顶上应设置喷头。

（4）机房及相关的工作房间和辅助房应采用具有耐火等级的建筑材料。机房的顶棚、壁板（包括夹芯材料）和隔断应为不燃烧体。

（5）机房大门应采用防火材料（防火门），并保证在危险情况下能从机房内向外打开。

（6）机房应采取区域隔离防火措施，将重要设备与其他设备隔离开。

3.1.7.2 消防设施

凡设置二氧化碳或卤代烷、七氟丙烷等气体固定灭火系统及火灾探测器的机房，其吊顶的上、下及活动地板下，均应设置探测器和喷嘴。

主机房应安装感烟探测器。当设有固定灭火器系统时，应采用感烟、感温两种探测器的组合；应在每个机柜内部布置感温、感烟探测器各一套。

机房和辅助区应安装消防系统，监控中心应配置灭火设备。

3.1.7.3 安全措施

（1）主机房出口应设置向疏散方向开启且能自动关闭的门，门应是防火材料，符合甲级防护要求，并应保证在任何情况下都能从机房内打开。

（2）凡设有卤代烷灭火装置的机房，应配置专用的空气呼吸器或氧气呼吸器。

（3）机房内存放记录介质应采用金属柜或其他能防火的容器。

（4）报警系统和灭火系统应与门禁系统联动。当发生火警时，应能解除门禁控制。

（5）报警系统和自动灭火系统应提供报警和动作信号至机房综合监控系统及约定需要该信息的部门。

（6）灭火后的气体防护区应通风换气，地下防护区和无窗或设固定窗扇的地上防护区，应设置机械排风装置，排风口宜设在防护区的下部直通室外。

3.1.8 机房监控与安全防范

3.1.8.1 一般规定

机房应设置动力环境监控系统及安全防范系统。

（1）机房动力环境监控系统宜采用集散或分布式网络结构。系统应易于扩展和维护，并应具备显示、记录、控制、报警、分析和提示功能。

（2）机房安全防范系统应具备机房出入控制、进出信息登记、保安防盗、报警的功能，同时应具备多种形式（RS485、无线Modem、拨号、TCP/IP、短信）的网络功能。

（3）机房动力环境监控系统、安全防范系统可设置在同一个监控中心内，各系统供电电源应可靠，宜采用独立不间断电源系统电源供电，当采用集中不间断电源系统电源供电时，应配置单独回路供电。

（4）机房的视频监控、光电报警器、专用空调、电源设备、配电系统、漏水检测系统、门禁系统、机房内环境温、湿度等应纳入机房集中监控系统。

（5）机房监控系统应具有本地和远程报警功能。

3.1.8.2　动力环境监控系统

机房动力环境监控系统宜符合下列要求：

（1）监测和控制机房的空气质量，应满足通信设备的运行环境要求。

（2）机房内有可能发生水患的部位应设置漏水检测和报警装置。

（3）强制排水设备的运行状态应纳入监控系统。

（4）进入机房的水管应分别加装电动和手动阀门。

机房动力环境监控系统应包含以下内容：

（1）机房的温湿度监测。

（2）空调状态监测、控制，主要监测、控制空调的运行工作模式、温度设置、开关状态等参数。

（3）电源状态监测，主要监测电源的电流、电压及开关状态等参数。

（4）漏水检测报警。

（5）烟雾检测报警。

（6）门禁监测报警。

（7）空气洁净度监测报警。

机房动力环境监控系统可实时 24h 在线连续采集和记录监测点位的温度、湿度、空气洁净度、供电电压电流等各项参数情况，以数字、图形和图像等多种方式进行实时显示，并记录存储监测信息。

机房动力环境监控系统可设定各监控点位的温湿度报警限值，当出现被监控点位数据异常时可自动发出报警信号，报警方式包括：现场多媒体声光报警、网络客户端报警、电话语音报警、手机短信息报警等，上传报警信息并进行本地及远程监测。

机房专用空调、柴油发电机、不间断电源系统等设备自身应具备监控系统，监控的主要参数宜纳入监控系统，相关通信协议应满足监控系统的要求。

机房网管服务器、工作站主机的集中控制和管理宜采用 KVM 切换系统。

3.1.8.3　安全防范系统

安全防范系统宜由视频安防监控系统、入侵报警系统和出入口门禁控制系统组成，各系统之间应具备联动控制功能。紧急情况时，出入口门禁控制系统应能接受相关系统的联动控制而自动释放电子锁。

（1）室外安装的安全防范系统设备应采取防雷电保护措施，电源线、信号线采用屏蔽电缆，避雷装置和电缆屏蔽层应接地，且接地电阻应不大于 10Ω。

（2）机房出入口应配置电子门禁系统，鉴别进出人员身份并登记在案，且门禁系统应与 UPS 电源系统连接。机房应设置人员分区、分级授权管理智能门禁系统。

（3）机房应安装具有远程控制功能的视频监控系统，并根据实际情况选择摄像头的位置和数量以保证观察区域的全覆盖，至少应包括进出机房的走道、操作台和应急通道。视频存储空间应保证录像数据保存时间不少于 3 个月。

（4）机房应安装采用光、电等技术的可远程报警的防盗报警系统，以防进出机房的盗窃和破坏行为。

（5）机房的门禁系统应利用门禁识别卡、指纹等物理和生物识别方式只对机房专责人员开放，非专责人员或者来访人员进入机房应由相关责任人全程带领陪同，并对相关人员的信息、行动情况进行监控、鉴别和记录。

（6）防止来访人员在未经批准的情况下进入机房，操作机房内的设备，来访人员进入机房应经过申请和审批流程，明确进出人员及其活动范围。

（7）应避免非授权人员对重要系统的接触、操作、破坏或不同功能设备之间的相互干扰，区域与区域间应采用物理方式隔断设置物理访问控制措施，并在重要区域前设置过渡区域，进行物品交付或设备安装前的存放等。采用智慧机柜实现机房分区进行管理设备。

（8）应将主要设备（服务器、通信设备、UPS、空调等）放置在机房内，将机柜门关闭并上锁。应将设备或主要部件进行固定，并设置明显的不易除去的标记。应对介质分类标识，存储在介质库或档案室中。

3.2　体系结构安全

3.2.1　水电厂电力监控系统典型安全部署

水电厂电力监控系统是指用于监视和控制电力生产及供应过程的、基于计算机及网络技术的业务系统及智能设备，以及作为基础支撑的通信及数据网络等，具体包括电力数据采集与监控系统、能量管理系统、水电厂计算机监控系统、微机继电保护和安全自动装置、广域相量测量系统、负荷控制系统、水调自动化系统和水电梯级调度自动化系统、电能量计量系统、实时电力市场的辅助控制系统、电力调度数据网络等。

水电厂电力监控系统安全防护应遵照"安全分区、网络专用、横向隔离、纵向认证"的总体防护原则，针对水电厂电力监控系统，重点强化边界防护，提升内网安全监视水平，规范网络设备、主机设备，安防设备等配置要求，健全网络安全运行机制，深化全方位安全管理要求，全面实现"外部侵入有效阻断、外力干扰有效隔离、内部介入有效遏制、安全风险有效管控"的电力监控系统安全防护目标。保障水电厂电力监控系统及重要数据的安全。

水电厂电力监控系统网络结构拓扑图如图 3-8 所示。

水电厂电力监控系统典型网络结构拓扑图中安全防护设备部署为：

（1）隔离装置。水电厂在生产控制大区与管理信息大区之间部署正向隔离装置，实现生产控制大区生产数据及机组装置数据向信息大区的单向数据传输。在生产控制大区安全区Ⅰ与安全区Ⅱ之间部署逻辑隔离设备（如防火墙），实现了安全区Ⅰ与安全区Ⅱ生产实时数据的逻辑隔离。

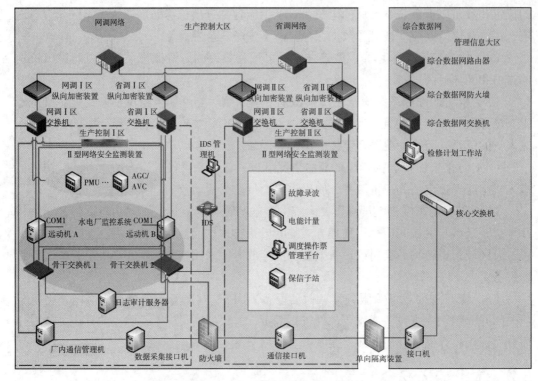

图 3-8　水电厂电力监控系统典型网络结构拓扑图

（2）纵向加密。水电厂在电力调度数据网与生产控制大区控制区纵向边界外部署纵向加密认证装置，通过建立加密隧道，实现网络层双向身份认证、数据加密和访问控制。在电力综合数据网与管理信息大区纵向边界之间部署防火墙设备实现逻辑隔离。

（3）入侵检测系统。水电厂在生产控制大区安全区 I 部署一套入侵检测系统，用以监测核心节点异常业务流量，配置策略包括防溢出攻击拒绝服务攻击、木马、蠕虫、系统漏洞、扫描探测等网络攻击行为，保证内部网络的安全运行。定期升级特征数据库，检测流经网络边界正常信息流中的入侵行为，分析潜在威胁并进行安全审计。配置策略包括 Web 攻击、MY-SQL 数据库、后门、蠕虫病毒、扫描探测、间谍软件及常见的网络攻击等进行检测并生产报表，定期对报表进行分析，分析网络潜在风险，帮助网络优化与加固。

（4）防病毒系统。水电厂在生产控制大区部署一套基于主机的防病毒系统，进行主机层面病毒防护。Windows 系统的服务器和工作站应安装防病毒软件，安全策略采用白名单的方式，除放行正常的业务通信外，其他非正常通信及恶意代码行为均无法通过，保证数据正常通信。在管理信息大区部署一套基于主机的防病毒系统，Windows 系统的服务器和工作站应安装防病毒软件，定期离线更新病毒库，定期进行查杀。操作系统由专人定期进行补丁更新。

（5）网络安全管理平台。在生产控制大区内部署网络安全管理平台对服务器（工作站）、网络设备及安全防护设备等进行集中管理，实时监测网络安全事件，及时采取有效措施阻止恶意攻击行为。管理平台由网络监测装置（Ⅰ、Ⅱ区各一台）、数据库服务器、人机工作站、防火墙和交换机组成。网络监测装置通过安装在服务器、工作站的安全监测代理程序（agent），采集相关主机的安全信息；通过简单网络管理协议（SNMP）、日志协议（syslog），采集网络及安全防护设备的网络安全信息。布置于Ⅰ、Ⅱ区的网络监测装置分别接入调度数据网上送调度，同时Ⅰ、Ⅱ区的网络监测装置经过防火墙汇集到Ⅱ区网络安全管理平台实现本地显示及日志存储。

3.2.2　安全分区

水电厂电力监控系统原则上划分为生产控制大区和管理信息大区。根据业务功能可能对一次设备造成的影响，生产控制大区可进一步划分为控制区（又称安全区Ⅰ）和非控制区（又称安全区Ⅱ），管理信息大区可进一步划分为安全区Ⅲ和安全区Ⅳ。水电厂电力监控系统安全分区部署示意图如图 3-9 所示。

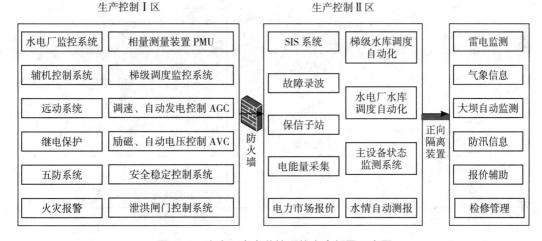

图 3-9　水电厂电力监控系统安全部署示意图

水电厂电力监控系统原则上应严格遵循安全分区的部署要求。对于装机规模较小的场站，可在保持生产控制大区与管理信息大区之间物理隔离的前提下，简化两个大区内部的分区，但低安全区的系统和功能应按照高安全等级分区的要求进行管理。

不同安全分区的交换机或相当功能的网络设备，必须单独使用，严禁通过划分VLAN 的方式将不同安全分区的设备接入同一交换机。

不同分区的设备必须连接到不同的网段，严禁主机设备通过双网卡等手段实现跨区连接。同一安全区内部不同业务系统进行数据交互时，应采取 VLAN 划分、访问控制等安全措施，控制交互的规模和频度，禁用 E-Mail、Rlogin、FTP 等公共服务，控制区内禁止通用的 Web 服务。

不同分区的设备不宜安装在同一屏柜内，确需组装在同一屏柜的，设备及网线必须要有明显规范的分区标识。

水电厂电力监控系统安全分区表见表 3-2。

表3-2 水电厂电力监控系统安全分区表

序号	业务系统及设备	控制区	非控制区	管理信息大区
1	水电厂监控系统	水电厂监控		
2	水电厂辅机控制系统	辅机控制		
3	梯级调度监控系统	梯级调度监控		
4	调速系统和自动发电控制功能AGC	调速、自动发电控制		
5	励磁系统和自动电压控制功能AVC	励磁、自动电压控制		
6	相量测量装置PMU	PMU		
7	安全稳定控制系统	安全稳定控制系统		
8	继电保护	继电保护装置及管理终端		
9	五防系统	五防系统		
10	火灾报警系统	火灾报警		
11	泄洪闸门控制	泄洪闸门控制		
12	远动系统	远动系统		
13	生产实时系统		SIS系统	
14	故障录波		故障录波装置	
15	保护信息子站		保护信息子站	
16	梯级水库调度自动化系统		梯级水库调度自动化	
17	水情自动测报系统		水情自动测报	
18	水电厂水库调度自动化系统		水电厂水库调度自动化	
19	电能量采集装置		电能量采集	
20	电力市场报价终端		电力市场报价	
21	主设备状态监测系统		主设备状态监测系统	
22	雷电监测系统			雷电监测
23	气象信息系统			气象信息
24	大坝自动监测系统			大坝自动监测
25	防汛信息系统			防汛信息
26	报价辅助决策系统			报价辅助决策
27	检修管理系统			检修管理

（1）安全区Ⅰ（控制区）。

安全区Ⅰ是实时控制区，安全保护的重点与核心。

控制区中的业务系统或功能模块的典型特征为：是电力生产的重要环节、安全防护的重点与核心；直接实现对一次系统运行的实时监控；纵向使用电力调度数据网络或专用通道。

水电厂的控制Ⅰ区主要包括以下业务系统和功能模块：水电厂监控系统、机组辅机控制系统、自动发电控制系统（AGC）、自动电压控制系统（AVC）、相量测量装置（PMU）、继电保护装置及管理终端、五防系统、泄洪闸门控制等各种控制装置。

（2）安全区Ⅱ（非控制区）。

安全区Ⅱ是非实时控制区，非控制区中的业务系统或功能模块的典型特征为：所实现的功能为电力生产的必要环节；在线运行，但不具备控制功能；使用电力调度数据网络，与控制区中的系统或功能模块联系紧密。

水电厂的非控制区主要包括以下业务系统和功能模块：梯级水库调度自动化系统、水情自动测报系统、水电厂水库调度自动化系统、电能量采集装置、保护信息子站、故障录波信息管理终端等。

（3）管理信息大区。

水电厂的管理信息大区主要包括以下业务系统和功能模块：水电生产管理信息系统、雷电监测系统、气象信息系统、大坝自动监测系统、防汛信息系统等。

水电厂管理信息大区的业务主要运行在国家电网有限公司（简称国网公司）电力企业数据网，需严格执行国网公司管理信息系统"双网双机、分区分域、安全接入、动态感知、全面防护"防护总体策略。

3.2.3 网络专用

电力调度数据网是水电厂厂站端生产控制大区与调度机构相连的专用数据网络，承载电力实时控制、在线生产交易等业务。水电厂厂站端的电力调度数据网应当在专用通道上使用独立的网络设备组网，在物理层面上实现与其他数据网及外部公共信息网的安全隔离。水电厂厂站端的电力调度数据网应当分为逻辑隔离的实时子网和非实时子网，分别连接控制区和非控制区。

调度数据网未覆盖到的监控系统（如配网自动化、负荷管理、分布式能源接入等）的数据通信优先采用电力专用通信网络，不具备条件的也可采用公用通信网络（不包括因特网）、无线公网（GPRS、CDMA、230MHz、WIFI等）等通信方式，使用上述通信方式时应当设立安全接入区，并采用安全隔离、访问控制、单向认证、加密等安全措施。

各层面的数据网络之间应该通过路由限制措施进行安全隔离。保证网络故障和安全事件限制在局部区域之内。

3.2.4 横向隔离

电力监控系统生产控制大区网络与管理信息大区网络之间应使用强逻辑隔离技术措施进行防护。在生产控制大区与管理信息大区之间必须设置经国家指定部门检测认证的电力专用横向单向安全隔离装置，隔离强度应接近或达到物理隔离。电力专用横向单向安全隔离装置作为生产控制大区与管理信息大区之间的必备边界防护措施，是横向防护的关键设备。生产控制大区内部安全区Ⅰ与安全区Ⅱ之间应当采用具有访问控制功能的防火墙安全设备，实现逻辑隔离。

水电厂生产控制大区与管理信息大区之间部署专用单向隔离装置，实现横向物理隔离，保护控制系统安全运行。隔离装置分为正向隔离装置和反向隔离装置，生产控制大区向管理信息大区区发送数据使用正向隔离装置，管理信息大区向生产控制大区发送数据使用反向隔离装置。

水电厂生产控制大区内部安全区Ⅰ与安全区Ⅱ之间有数据交互应当采用具有访问控制功能的设备实现逻辑隔离。生产控制大区内部所有业务系统之间部署防火墙设备，阻止来自区域之间的越权访问、入侵攻击和非法访问等，实现逻辑隔离。

生产控制大区与管理信息大区安全区Ⅲ不允许跨区直接相连。一般不允许管理信息大区向生产控制大区安全区Ⅰ发送数据。

3.2.5　纵向认证

水电厂在生产控制大区与广域网的纵向连接处应当部署纵向加密认证装置。纵向加密认证装置经过国家指定部门检测认证的电力专用设备，实现双向身份认证、数据加密和访问控制。安全接入区内纵向通信应采用基于非对称密钥技术的单向认证等安全措施，重要业务可采用双向认证。

纵向加密认证装置及加密认证网关用于生产控制大区的广域网边界防护。纵向加密认证装置为广域网通信提供认证与加密功能，实现数据传输的机密性、完整性保护，同时具有类似防火墙的安全过滤功能。

对处于外部网络边界的其他通信网关，应进行操作系统的安全加固，防止被黑客接管而形成向内攻击的跳板，对安全区Ⅰ、安全区Ⅱ的外部通信网关建议配置数字证书。

调度中心和重要厂站两侧均应当配置纵向加密认证装置或纵向加密认证网关，小型厂站至少应实现单向认证、数据加密和安全过滤功能。

传统的基于专用通道的数据通信可逐步采用加密、身份认证等技术保护关键厂站及关键业务。

具有远方遥控功能的业务应采用加密、身份认证等技术进行安全防护。

3.2.6　边界安全防护

3.2.6.1　横向边界防护

（1）生产控制大区与管理信息大区的边界防护。

生产控制大区与管理信息大区之间必须采取物理隔离措施，部署经国家指定部门检测认证的电力专用单向隔离装置。信息由生产控制大区传输到管理信息大区必须经过正向型隔离装置。生产控制大区与管理信息大区隔离装置部署示意图如图3-10所示。

（2）安全区Ⅰ与安全区Ⅱ之间的边界防护。

生产控制大区分设安全区Ⅰ与安全区Ⅱ的，安全区Ⅰ与安全区Ⅱ之间的数据通信应采取逻辑隔离措施，边界上应部署硬件防火墙或功能相当的设备。防火墙相关功能、性能必须经过国家指定机构的认证和检测。

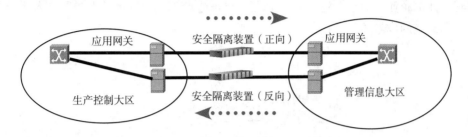

图 3-10　生产控制大区与管理信息大区隔离装置部署示意图

（3）安全区Ⅲ与Ⅳ之间的边界防护。

管理信息大区可划分为安全区Ⅲ和安全区Ⅳ，区域之间的边界处必须部署硬件防火墙或功能相当的设备，防火墙的安全策略应采用白名单方式，禁止开启与业务无关的地址和服务端口。与生产管理无关的办公业务或生活网络应划分到安全区Ⅳ。

（4）系统间安全防护。

同属于安全区Ⅰ的各机组监控系统之间、机组监控系统与控制系统之间、同一机组的不同功能的监控系统之间，尤其是机组监控系统与输变电部分控制系统之间，根据需要可以采取一定强度的逻辑访问控制措施，如防火墙、VLAN 等。

同属于安全区Ⅱ的各系统之间、各不同位置的厂站网络之间，根据需要可以采取一定强度的逻辑访问控制措施，如防火墙、VLAN 等。

同属于管理信息大区的各系统之间、各不同位置的厂站网络之间，根据需要可以采取一定强度的逻辑访问控制措施，如防火墙、VLAN 等。

3.2.6.2　纵向边界防护

水电厂生产控制大区系统与调度端系统通过电力调度数据网进行远程通信时，应当采用认证、加密、访问控制等技术措施实现数据的远方安全传输以及纵向边界的安全防护。水电厂的纵向连接处应当设置经过国家指定部门检测认证的电力专用纵向加密认证装置或者加密认证网关及相应设施，与调度端实现双向身份认证、数据加密和访问控制。电力调度数据网纵向加密认证装置部署示意图如图 3-11 所示。

纵向加密认证装置的隧道配置策略应细化至 IP 地址和服务端口，保证与主站的数据通信均为密通状态，并全面关闭不必要的服务和端口。场站侧纵向加密认证装置必须使用调控机构签发的调度数字证书，并接入调控机构网络安全管理平台。

水电厂要制定运行管理制度，加强纵向加密认证装置的操作员卡（包括主卡及备卡）、Ukey 等身份认证工具的使用与管理，保证调试工作结束后及时收回并妥善保管相关卡证。

3.2.6.3 第三方边界防护

如果水电厂生产控制大区中的业务系统与环保、安全等政府部门进行数据传输，其边界防护应当采用生产控制大区与管理信息大区之间的安全防护措施。禁止设备生产厂商或其他外部企业（单位）远程直接连接水电厂生产控制大区中的业务系统及设备。禁止无安全措施的拨号访问维护。

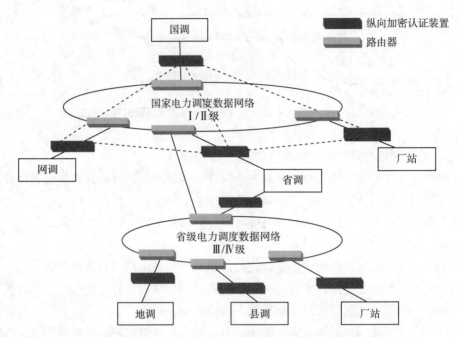

图 3-11　电力调度数据纵向加密认证装置部署示意图

3.2.7　综合安全防护

3.2.7.1　内网安全监视

《国家电网公司关于加快推进电力监控系统网络安全管理平台建设的通知》（国家电网调〔2017〕1084 号）要求，"在变电站、并网电厂电力监控系统的安全区Ⅱ（或安全区Ⅰ）部署网络安全监测装置，采集变电站站控层、并网电厂涉网区域的服务器、工作站、网络设备和安防设备自身感知的安全数据及网络安全事件，实现对网络安全事件的本地监视和管理，同时转发至调控机构网络安全监管平台的数据网关机。"

（1）网络安全管理平台部署方案。

在水电厂的安全区Ⅰ、安全区Ⅱ各部署 1 台监测装置，实现监控系统网络安全信息采集，同时在安全Ⅱ区新增数据库服务器、人机工作站、防火墙、交换机各 1 台，组建本地监视局域形成典型化部署方案网，防火墙与各业务系统互联，各监测对象网络安全事件通过防火墙发送到监测装置，同时增加本地监视和本地管理功能，形成典型化部署方案。

安全管理平台新增数据库服务器承担数据库存储和审计分析功能，用来存储监测装置采集到监视对象的运行信息、操作信息及告警信息，实现安全监视、安全告警、安全分析以及安全审计功能。

人机工作站用来展示本地网络安全信息，用于本地监视。

（2）监测范围。

根据国家能源局 36 号文附件 4 要求，涉网区域包含"A1：与调度中心有关的电厂监控系统"（简称"系统类"）、"B：调度中心监控系统的厂站侧设备"（简称"设备类"）两部分。

水电厂系统类包含：水电厂监控系统、自动电压控制 AVC、自动发电控制 AGC、水情自动化测报系统、水电厂水库调度自动化系统等系统。

水电厂设备类包含：PMU、电能量采集、故障录波、保护子站、电力市场报价终端等装置和主机。

按照监测装置技术规范要求，水电厂电力监控系统网络安全信息采集范围如表 3-3 所示。

表3-3 水电厂电力监控系统设备接入监测装置一览表

序号	接入类型	系统名称	接入对象	安全分区	是否接入
1	系统类	水电厂计算机监控系统（含AGC、AVC）	服务器	控制区	是
2			工作站	控制区	是
3			交换机	控制区	是
4		水电厂水库调度自动化系统	服务器	非控制区	是
5			工作站	非控制区	是
6			交换机	非控制区	是
7		水情自动化测报系统	服务器	非控制区	是
8			工作站	非控制区	是
9			交换机	非控制区	是
10	设备类	PMU	装置 / 工作站	控制区	是
11		电能量采集	装置 / 工作站	非控制区	是
12		故障录波	装置 / 工作站	非控制区	是
13		故障信息子站	装置 / 工作站	非控制区	是
14	安防设备	—	纵向加密装置	调度数据网边界	是
15		—	防火墙和 IDS	各安全区内部	是
16		—	隔离装置	生产控制大区与管理信息大区边界	是

（3）监测采集方式。

1）主机设备。

采集内容：采集服务器、工作站的用户登录、操作信息、运行状态、移动存储设备接入、网络外联等事件信息。

采集方式：在服务器、工作站上部署网络安全监测代理程序（Agent），将采集的网络安全信息发送至监测装置。监测装置作为服务端监听主机设备的连接请求。

2）网络设备。

采集内容：采集用户登录、操作信息、配置变更、流量信息、网口状态等信息。

采集方式：通过SNMP协议主动从交换机获取所需信息；通过SNMPTRAP协议被动接收交换机事件信息；通过日志协议（syslog）采集交换机信息。

3）安防设备。

采集内容：采集用户登录、配置变更、运行状态、安全事件等信息。

采集方式：通过装置自身日志协议（syslog）将数据传至监测装置。

（4）网络管理平台监测功能。

在水电厂电力监控系统中部署监测装置及代理程序，采集涉网系统内主机、网络及安防设备感知的网络安全信息，并上送至公司总部和相关上级调度机构安全管理平台，实现以下功能：

1）对水电厂电力监控系统涉网部分的外部网络访问、外部设备接入、用户登录、人员操作等行为实现本地和远程监视、审计。

2）对水电厂电力监控系统涉网部分的主机、网络及安防设备实现配置合理性核查。

3）总部和上级调度机构有效掌握电站电力监控系统存在的网络安全隐患，及时采取有效措施阻止恶意攻击行为。

4）建立网络安全管理中心，对设备状态、恶意代码、补丁升级、安全审计等安全相关事项进行集中管理。

3.2.7.2 恶意代码防范

生产控制大区应部署防恶意代码服务器，集中对区域内部的服务器、工作站、操作员站进行恶意代码防范。应及时联系厂家离线更新恶意代码特征库，定期对区域内部的服务器进行扫描并记录扫描结果，如发现感染恶意代码应及时采取查杀措施。生产控制大区和管理信息大区各部署一套防病毒系统，禁止生产控制大区与管理信息大区共用一套防病毒系统。

严格控制各种外来介质的使用，介质使用前进行恶意代码扫描检查，防止恶意代码通过介质传播；设置恶意代码防护中心，通过全系统的服务器、工作站和操作员站，进行恶意代码防护的统一管理，及时发现和清除进入系统内部的恶意代码；采用实时扫描、完整性保护和完整性校验等不同层次的防护技术，将恶意代码检测、多层数据保护和集中式管理功能集成起来，提供全面的恶意代码防护功能，检测、发现和消除恶意代码，阻止恶意代码的扩散和传播。

通过正式授权程序对恶意代码防护委派专人负责检测网络和主机的病毒检测并保存

记录；使用外部移动存储设备前应进行恶意代码检查；要求接收文件和邮件时，在使用前应首先检查是否有病毒；及时升级防病毒软件病毒库；定期进行总结汇报病毒安全状况。制定并执行恶意代码防护系统使用管理、应用软件使用授权安全管理等有关制度；应检查网络内计算机病毒库的升级情况并进行记录；对非在线的内部计算机设备及其他移动存储设备，以及外来或新增计算机，做到入网前进行杀毒和补丁检测。

3.2.7.3 安全审计

管理信息大区应部署一套安全审计系统，实现安全审计功能，能够对操作系统、数据库、业务应用的重要操作进行记录、分析，及时发现各种违规行为以及病毒和黑客的攻击行为。

审计系统数据采集内容应包括：

（1）主机设备审计数据采集内容：目标主机的启动和关闭、目标主机操作系统的日志、目标主机的软硬件等配置信息、目标主机的网络连接、目标主机的外围设备使用及目标主机的文件使用。

（2）网络安全设备审计数据采集内容：网络协议、网络流量及入侵行为。

（3）数据库审计数据采集内容：数据库数据操作、数据库结构操作及数据库用户更改。

（4）应用系统审计数据采集内容：目标应用系统日志。

审计系统报表生成器将审计分析器传来的分析结果进行数据汇总报表输出，对报表的要求有：

（1）产品应支持关键字生成、按模块功能生成、按危害等级生成、按自定义格式生成等分析报表生成方式。

（2）审计数据报表生成格式应支持 txt、html、doc、xls 等格式中的一种。

审计系统应保护审计记录数据避免未经授权的删除或修改，如采取严格的身份鉴别机制和适合的文件读写权限等。任何审计记录数据的删除或修改都应生成系统自身安全审计记录。

审计系统应提供设置审计记录保存时限的最低值功能，用户可根据自身需要设定记录保存时间，根据《网络安全法》相关规定，日志审计记录应保存 6 个月以上时间。

3.2.7.4 入侵检测

水电厂生产控制大区安全Ⅰ、Ⅱ区和管理信息大区各部署一套入侵检测系统，合理设置检测规则，检测发现隐藏于流经网络边界正常信息流中的入侵行为，分析潜在威胁并进行安全审计。

入侵检测系统应监视基于以下协议的事件：IP、ICMP、ARP、RIP、TCP、UDP、RPC、HTTP、FTP、TFTP、IMAP、SNMP、Telnet、DNS、SMTP、POP3、NETBIOS、NFS、NNTP 等。入侵检测系统应监视以下攻击行为：端口扫描、强力攻击、木马后门攻击、拒绝服务攻击、缓冲区溢出攻击、IP 碎片攻击、网络蠕虫攻击等。当系统检测到入侵时，应自动采取相应动作以发出安全警告。应具有全局安全事件的管理能力，可与安全管理中心或网络管理中心进行联动。

入侵检测系统应定期更新升级事件库和版本，确保升级包是由开发商提供的，保证事件库和版本升级时的通信安全，系统交付时厂商提供文档说明系统的安装、生成和启动的文档。

3.3 系统本体安全

3.3.1 软硬件设备选型及漏洞整改

生产控制大区涉网部分的服务器、工作站、路由器等设备，应使用安全操作系统并加强安全配置管理。对于已经运行且使用非安全操作系统的设备，要采取防病毒、加强配置管理、强化访问控制等安全加固措施，并结合后续技术改造升级更换为安全操作系统。

生产控制大区中的业务系统应选用符合国家安全要求、无安全漏洞的产品，相关设备应通过相关部门指定的入网检测。

电力监控系统在设备选型及配置时，应当禁止选用经国家相关管理部门检测认定并经国家能源局通报存在漏洞和风险的系统及设备；对于已经投入运行的系统及设备，应当按照国家能源局及其派出机构的要求及时进行整改，同时应当加强相关系统及设备的运行管理和安全防护。

对发现的漏洞应及时通知相关系统及设备厂家进行评估，确认能够整改的应由厂家派人至现场进行整改，运维人员应全程进行监护；确认不能整改的应由厂家出具相关说明，说明不能整改的原因和补救措施，运维人员应采取访问控制等手段进行弥补。

3.3.2 网络设备加固

网络设备是调度数据网和各类监控系统的重要组成部分，也是网络安全的基石，具体包括调度数据网路由器、调度数据网接入交换机和局域网交换机。其中调度数据网路由器用于主站与厂站以及主站之间调度数据网纵向数据的转发；调度数据网接入交换机用于调度数据网实时、非实时业务数据交换；局域网交换机用于Ⅰ、Ⅱ、Ⅲ区局域网数据的交换和转发。

3.3.2.1 设备管理

（1）本地管理。

安全要求：对于通过本地 Console 口进行维护的设备，设备应配置使用用户名和口令进行认证。

配置要求：人员本地登录应通过 Console 口输入用户名和口令。

（2）远程管理。

安全要求：对于使用 IP 协议进行远程维护的设备，设备应配置使用 SSH 等加密协议，采用 SSH 服务代替 Telnet 实施远程管理，提高设备管理安全性。

配置要求：人员远程登录应使用 SSH 协议，禁止使用 Telnet、Rlogin 其他协议远程登录。

（3）限制 IP 访问。安全要求：公共网络服务 SSH、SNMP 默认可以接受任何地址的连接，为保障网络安全，应只允许特定地址访问。

配置要求：配置访问控制列表，只允许网管系统、审计系统、主站核心设备地址能访问网络设备管理服务。SSH 和 SNMP 地址不同时应启用不同的访问控制列表。

（4）登录超时。

安全要求：应配置账户超时自动退出，退出后用户需再次登录才能进入系统。

配置要求：Console 口或远程登录后超过 5min 无动作应自动退出。

3.3.2.2 用户与口令

（1）密码认证登录。

安全要求：通过控制台和远程终端登录设备，应输入用户名和口令，口令长度不能小于 8 位，要求是数字、字母和特殊字符的混合，不得与用户名相同。口令应 3 个月定期更换和加密存储。

配置要求：配置只有使用用户名和密码的组合才能登录设备，密码强度采用技术手段予以校验通过，并对密码进行加密存储、定期更换。

（2）用户管理。

安全要求：应按照用户性质分别创建账号，禁止不同用户间共享账号，禁止人员和设备通信公用账号。

配置要求：创建管理员和普通用户对应的账户，厂站端只能分配普通用户账户，厂站账户应实名制管理，只有查看、ping 等权限。

3.3.2.3 网络服务

安全要求：禁用不必要的公共网络服务；网络服务采取白名单方式管理，只允许开放 SNMP、SSH、NTP 等特定服务。

配置要求：禁用 TCPSMALLSERVERS；禁用 UDPSMALLSERVERS；禁用 Finger。禁用 HTTPSERVER；禁用 BOOTPSERVER；关闭 DNS 查询功能，如要使用该功能，则显式配置 DNSSERVER。

3.3.2.4 安全防护

（1）BANNER。

安全要求：应修改缺省 BANNER 语句，BANNER 不应出现含有系统平台或地址等有碍安全的信息，防止信息泄露。

配置要求：修改网络设备的 banner 信息，如修改 LoginBanner 信息，EXECBanner 信息等。

（2）ACL 访问控制列表。

安全要求：应设置 ACL 访问控制列表，控制并规范网络访问行为（适用于调度数据网设备）。

配置要求：根据具体业务设置 ACL 访问控制列表，通过调度数据网三层接入交换机的出接口、路由器的入接口设置 ACL 屏蔽非法访问信息。

（3）空闲端口管理。

安全要求：应关闭交换机、路由器上的空闲端口，防止恶意用户利用空闲端口进行攻击。

配置要求：关闭交换机、路由器上不使用的端口。

（4）MAC 地址绑定。

安全要求：应使用 IP、MAC 和端口绑定，防止 ARP 攻击、中间人攻击、恶意接入等安全威胁。

配置要求：绑定 IP、MAC 和端口。

（5）NTP 服务。

安全要求：应开启 NTP 服务，建立统一时钟，保证日志功能记录的时间的准确性。

配置要求：开启 NTP 服务，统一时钟源，NTP 服务器应为本地设备。

（6）协议安全配置。

安全要求：应检查调度数据网网络设备的安全配置，应避免使用默认路由，关闭网络边界 OSPF 路由功能（适用于调度数据网设备）。

配置要求：启用 OSPFMD5 认证；禁用重分部直连；禁用默认路由；关闭网络边界 OSPF 路由功能。

（7）设备版本管理。

安全要求：路由器和交换机应升级为最新稳定版本，且同一品牌、同一型号版本应实现版本统一，设备使用的软件版本应为经过测试的成熟版本。

配置要求：检查网络设备软件版本，并实施统一管理。

3.3.2.5 日志与审计

（1）SNMP 协议安全。

安全要求：应修改 SNMP 默认的通信字符串，字符串长度不能小于 8 位，要求是数字、字母或特殊字符的混合，不得与用户名相同。字符串应 3 个月定期更换和加密存储。SNMP 协议应配置 V2 及以上版本。

配置要求：修改 SNMP 的默认通信字符串，并更新 SNMP 版本。

（2）日志审计。

安全要求：设备应启用自身日志审计功能，并配置审计策略。

配置要求：启用设备日志审计功能。

（3）转存日志。

安全要求：设备应支持远程日志功能；所有设备日志均能通过远程日志功能传输到日志服务器；设备应至少支持一种通用的远程标准日志接口，如 syslog 等，日志至少保存 6 个月。

配置要求：在设备上配置远程日志服务器 IP，并搭建日志服务器。

3.3.3 安全设备加固

专用安全防护设备是网络边界防护和网络安全事件监视的重要工具，主要包括纵向加密认证装置，正/反向横向隔离设备、防火墙设备和入侵侦测设备（IDS）。其中纵向加密认证装置是部署在安全区Ⅰ（控制区）、区Ⅱ（非控制区）的纵向网络边界的电力专用安全防护设备。正/反向横向安全隔离装置是安全区Ⅰ（控制区）、区Ⅱ（非控制区）与区Ⅲ（管理信息大区）之间的正反向单向传输的电力专用安全防护设备；防火墙是部署在安全区Ⅰ（控制区）与区Ⅱ（非控制区）的横向网络边界上的逻辑隔离设备；IDS是检测安全区Ⅰ（控制区）和区Ⅱ（非控制区）的网络边界攻击行为的安防设备。

3.3.3.1　设备管理

（1）运行可靠性。

安全要求：对隔离设备、防火墙设备应设置双机热备，并定期离线备份配置文件。

配置要求：应设置双机热备；应定期离线备份配置文件。

（2）系统时间。

安全要求：应保障系统时间与时钟服务器保持一致。

配置要求：支持NTP网络对时的设备应配置NTP对时服务器；不支持NTP服务的安全设备应手工定期设定时间与时钟服务器一致。

3.3.3.2　用户与口令

（1）用户登录。

安全要求：应对访问安全设备的用户进行身份鉴别，口令复杂度应满足要求并定期更换；应修改默认用户和口令，不得使用缺省口令，口令长度不得小于8位，要求是字母和数字或特殊字符的混合并不得与用户名相同，口令应定期更换，禁止明文存储。

配置要求：应启用安全设备的登录方式为用户名密码认证；纵向认证设备应配置IC卡/USBKey+用户名密码认证；应禁用安全设备缺省登录用户名密码（不能禁用的应更改）；口令长度不得小于8位，字母和数字或特殊字符的混合（不支持特殊字符的可不使用），口令不得与用户名相同；口令应每季度更换，不应与历史密码相同；口令应密文存储。

（2）用户管理。

安全要求：应按照用户性质分配账号；避免不同用户间共享账号；避免人员和设备通信公用同一账号；应实现系统管理、网络管理、安全审计等设备特权用户的权限分离，并且网络管理特权用户管理员无权对审计记录进行操作。

配置要求：根据各品牌、用途安全设备的不同，应至少配置管理员、审计员两种用户（部分设备可增加多种级别用户）；给不同用户分配不同权限。

3.3.3.3　安全策略

（1）登录超时。

安全要求：配置账户定时自动退出功能，退出后用户需再次登录方可进入系统。

配置要求：账号登录后超过5min无动作自动退出。

（2）配置安全策略。

安全要求：应配置跟业务相对应的安全策略，禁止开启与业务无关的服务。

配置要求：策略应限制源目的地址（或连续的网段），不应包含过多非业务需求地址段；策略应限制源目的端口，不应放开非业务需求的端口，对于端口随机变动的可限定端口范围；采用白名单方式，对非业务需求的地址及端口一律禁止通过；纵向认证设备非业务需求策略只允许开放 ICMP 协议。

3.3.3.4　日志与审计

（1）日志审计。

安全要求：设备应启用自身日志审计功能，并配置审计策略。审计内容应覆盖重要用户行为、系统资源的异常使用和重要系统命令的使用等系统重要安全相关事件，至少应包括：用户的添加和删除、审计功能的启动和关闭、审计策略的调整、权限变更、系统资源的异常使用、重要的系统操作（如用户登录、退出）等。

配置要求：应启用设备日志审计功能。

（2）转存日志。

安全要求：设备应支持远程日志功能。所有设备日志均能通过远程日志功能传输到内网安全监视平台。设备应至少支持一种通用的远程标准日志接口，如 syslog、FTP 等；日志应至少保存 6 个月。

配置要求：应通过配置将日志转存到内网安全监视平台。

3.3.4　操作系统加固

3.3.4.1　配置管理

（1）用户策略。

安全要求：操作系统不存在超级管理员，应根据管理用户的角色分配权限，实现权限分离，仅授予管理用户所需的最小权限；应保证操作系统中不存在多余的或过期账户。

配置要求：操作系统中应不存在超级管理员账户，管理权限应分别由安全管理员、系统管理员、审计管理员配合实现；操作系统中除系统默认账户外不存在与电力监控系统无关的账户；对重要信息资源设置敏感标记，并严格控制不同用户对有敏感标记的信息资源的操作（适用于 SCADA 等关键服务器）。

（2）身份鉴别。

安全要求：操作系统账户口令应具有一定的复杂度；应预先定义不成功鉴别尝试的管理参数（包括尝试次数和时间的阈值），并明确规定达到该值时应采取的拒绝登录措施；应采用两种或两种以上组合的鉴别技术对管理用户进行身份鉴别。

配置要求：口令长度不小于 8 位；口令是字母、数字和特殊字符组成；口令不得与账户名相同；连续登录失败 5 次后，账户锁定 10min；采用两种或两种以上组合的鉴别技术对用户进行身份鉴别；口令 90 天定期更换（适用于人机工作站和自动化运维工作站）；口令过期前 10 天，应提示修改（适用于人机工作站和自动化运维工作站）。

（3）桌面配置。

安全要求：应禁止调度员和监控员进行与监控系统人机交互无关的操作。

配置要求：系统桌面只显示电力监控系统，禁止除电力监控系统外的其他程序，如 shell 运行（适用于人机工作站）。

（4）补丁管理。

安全要求：应统一配置补丁更新策略，确保操作系统安全漏洞得到有效修补；对高危安全漏洞应进行快速修补，以降低操作系统被恶意攻击的风险。

配置要求：配置统一的补丁更新策略，并禁止用户修改；保证补丁及时得到更新。

（5）安全内核（模块）。

安全要求：应开启操作系统自带的相关安全功能。

配置要求：开启操作系统的安全内核。

（6）主机配置。

安全要求：应管理主机所处的网络环境，禁止用户随意更改 IP 和 MAC 地址；应禁止用户随意更改计算机的名称。

配置要求：配置用户 IP 地址更改策略，禁止用户修改 IP 地址或在指定范围内设置 IP 地址；配置禁止用户更改计算机名策略；主机禁止配置默认路由。

3.3.4.2 网络管理

（1）防火墙功能。

安全要求：应开启操作系统的防火墙功能，实现对所访问的主机的 IP、端口、协议等进行限制。

配置要求：配置基于目的 IP 地址、端口、数据流向的网络访问控制策略；限制端口的最大连接数，在连接数超过 100 时进行预警。

（2）网络服务管理。

安全要求：应禁止非必要的服务开启。

配置要求：操作系统应遵循最小安装的原则，仅安装和开启必须的服务，禁止与电力监控系统无关的服务开启；关闭 FTP、Telnet、Login、135、445、SMTP/POP3、SNMPv3 以下版本等公共网络服务。

3.3.4.3 接入管理

（1）外设接口。

安全要求：应管理主机的各种外设接口。

配置要求：配置外设接口使用策略，只准许特定接口接入设备；保证鼠标、键盘、U-KEY（除人机工作站和自动化运维工作站外，禁止 U-KEY 的使用）等常用外设的正常使用，其他设备一律禁用，非法接入时产生告警。

（2）自动播放。

安全要求：应禁止外部存储设备自动播放或自动打开功能，避免木马、病毒程序通过移动存储设备的自动播放或自动打开实现入侵。

配置要求：关闭移动存储介质的自动播放或自动打开功能；关闭光驱的自动播放或自动打开功能。

（3）远程登录。

安全要求：应禁止使用不安全的远程登录协议；主机应设定接入方式、网络 IP 地址范围等远程登录限制条件。

配置要求：远程登录应使用 SSH 协议，禁止使用其他远程登录协议；处于网络边界的主机 SSH 服务通常情况下处于关闭状态，有远程登录需求时可由管理员开启；限制指定 IP 地址范围主机的远程登录；主机间登录禁止使用公钥验证，应使用密码验证模式；操作系统使用的 SSH 协议版本应高于 OpenSSH v7.2；600s 内无操作，自动退出。

（4）外部连接管理。

安全要求：应禁止用户通过拨号、3G 网卡、无线网卡、IE 代理等方式连接互联网。

配置要求：配置禁止 Modem 拨号；配置禁止使用无线网卡；配置禁止使用 3G 网卡；配置主动联网检测策略；禁用非法 IE 代理上网。

3.3.4.4 日志与审计

安全要求：系统应对重要用户行为、系统资源的异常使用、入侵攻击行为等重要事件进行日志记录和安全审计；可根据审计记录进行分析，并生成审计报表。

配置要求：配置系统日志策略配置文件，使系统对鉴权事件、登录事件、用户行为事件、物理接口和网络接口接入事件、系统软硬件故障等进行审计；对审计产生的日志数据分配合理的存储空间和存储时间；设置合适的日志配置文件的访问控制避免被普通修改和删除；采用专用的安全审计系统对审计记录进行查询、统计、分析和生成报表；日志默认保存 6 个月。

3.4 全方位安全管理

3.4.1 安全管理制度

水电厂建立《信息安全管理规定》（附录一）总体纲领性制度，内容包括总体方针和安全策略，建立符合水电厂自身特点的完整的电力监控系统安全管理制度体系，电力监控系统安全应纳入日常安全生产管理体系中。

水电厂编制下发电力监控系统安全防护的相关管理规定，如《电力监控系统安全防护总体实施方案》（附录二）明确信息安全（包含总体安全、网络安全、设备安全、日常运维、数据安全、应用安全等）、设备管理、信息报送、应急预案等方面的工作要求，各级人员在工作中应严格执行。

水电厂对日常安全操作流程建立规程或操作手册，安全操作规程内容包括：日常操作必须遵循的程序和方法、操作过程中有可能出现的危及安全的异常现象及紧急处理方法、对操作者无法处理的问题的报告方法、禁止操作者出现的行为、非本岗人员禁止出现的行为等。操作手册包括：《网络设备加固手册》《操作系统加固手册》《设备运维操作手册》及《日常操作规程》等。

水电厂相关部门统一负责电力监控系统安全防护管理制度的制定和发布，建立《规章制度管理标准》（附录三）在编制和修订过程中应规范制度的格式和版本，编制完成后应由网络安全及信息化领导小组组织相关部门和人员进行评审，评审通过后通过正式发文的形式予以公布。各项管理制度在正式发布时，需要注明制度发布的范围，确保相关部门或人员了解制度内容，并对发文、收文做好相应的记录备案，以便查阅、审计。

3.4.2 安全管理机构

水电厂成立网络安全和信息化领导小组，由总经理担任组长，各分管领导担任副组长，各部门主任作为具体成员，明确成员安全职责，建立《关于成立电力监控系统安全防护组织机构的通知》（附录四）。领导小组承担本单位电力监控系统各项工作的领导职责，负责贯彻国家电力监控系统相关安全工作的法律、法规、方针、政策和有关强制性标准。落实公司电力监控系统安全管理的相关要求，审批和决策公司电力监控系统安全建设和实施过程中的重大事项，对公司电力监控系统安全重大事项进行决策和协调工作。

领导小组下设网络安全和信息化工作小组，工作小组设在运维检修部，由运检部主任担任组长，分管信息部门副主任担任副组长，下设监控系统设备主人、系统管理员、网络管理员、安全管理员和信息专工等成员。电力监控系统安全工作办公室归口负责公司的电力监控系统安全日常管理工作，主要职责包括：

（1）贯彻落实国家、集团公司电力行业信息系统安全防护相关标准和要求。

（2）落实公司范围内信息系统安全工作责任制。

（3）制定公司信息系统安全工作的总体方针及防护方案，并贯彻落实。

（4）落实公司信息系统等级保护制度、信息系统风险评估和安全检查等工作。

（5）建立公司信息系统应急体系，组织本单位信息安全突发事件的应急处理。

（6）对公司进行安全意识教育和培训工作，重点及敏感人员管控及外来人员的安全管理工作。

（7）上报公司信息系统事件，配合信息系统事件调查处理，事件调查处理。

系统管理员主要职责：全面负责系统的安全配置、账户管理、系统升级等，负责系统层面的日常运维。网络管理员主要职责：确保整个网络结构的安全、网络设备（包含安全设备）的配置满足相关标准要求。安全管理员主要职责：负责日常操作系统、网管系统、邮件系统等安全性的防护工作，定期开展安全补丁、漏洞检测及修补、病毒防治等工作。系统管理员、网络管理员、安全管理员应设置 A/B 岗，由专职人员负责。

为保证发生安全问题时能有据可查，应对系统投入运行、网络系统接入、重要资源访问等关键活动以文件的形式明确授权与审批制度，明确授权审批部门、批准人、审批程序、审批事项、审批范围等内容，对上述事项建立审批程序，按照审批程序执行审批过程，并对重要活动建立逐级审批制度，将审批过程记录并保存形成文档，以便事后检查和区分责任。《授权审批制度》的内容见附录五。

同时，为了确保电力调度数据网络的安全稳定运行，新接入的节点、设备和应用系统及其接入方案和安全防护措施必须经过负责管理本级电力调度数据网络的调度机构核准，防止新增节点运行不畅而影响整个调度数据网络。

3.4.3 人员安全管理

水电厂安全运行人员应强化网络安全风险与责任意识。认真学习贯彻《中华人民共和国网络安全法》，落实关键信息基础设施运行者的网络安全义务和责任，提高依法、守法、用法的自觉性。落实公司"网络安全与电网安全同等重要"要求，加强专业技术培训，全面提高网络安全风险意识。

水电厂严格规范电力监控系统安全防护人员管理，人事综合部负责人员录用、离岗管理，在人员录用过程，对被录用人员的身份、背景、专业资格和资质等进行审查，对审查的情况进行记录；已录用人员上岗前应与公司签署相应保密协议、安全协议和岗位责任书。运维检修部负责电力监控系统安全防护人员的考核、培训管理，对其所具有的技术技能进行考核，对考核的情况进行记录。

电力监控系统安全防护人员在网络安全及信息化领导小组的统一领导下，按照公司和国家有关规范文件的要求认真开展各项防护工作。电力监控系统安全防护人员必须经过网络与安全培训后方可上岗。

禁止未经监控系统安全防护专责人员的许可，私自对监控系统工程师站、服务器和应用系统进行操作。

监控系统安全防护人员调离原岗位必须严格办理离岗手续，移交全部技术资料，明确其离岗后的保密义务，并立即更换有关口令和密钥，注销其专用账号。涉及核心技术部分开发的技术人员调离时，应确认其对应用系统安全不会造成危害后方可调离。根据保密协议的内容对离岗人员进行审查，并且承诺离开后的保密责任或者过了脱密期后，才能离开，保密文档应有离岗人员的签字。

监控系统安全防护人员进入工作现场进行工作时，要确保所使用的工具设备没有病毒后方可接入系统进行工作；原则上不允许外部人员访问监控系统生产控制大区；明确外来人员管理要求，建立《外来人员管理规定》（附录六）；对确因系统维护服务需要进行管理访问时，履行公司有关外包工程管理办法，对其进行安全教育考试，并对外部人员允许访问的区域、系统、设备、信息等内容应进行书面约定，由专人全程陪同或监督，并在《重要区域人员出入登记本》上登记备案方可进行规定区域的工作，同时应采取必要的安全措施。

公司明确安全教育培训管理要求，建立《安全防护教育培训管理规定》（附录七），定期对各岗位人员进行安全教育、岗位技能培训和相关安全技术培训，并将教育培训的情况和结果记录在案；针对不同岗位制定不同的培训计划，对信息安全基础知识、岗位操作规程等进行的培训应至少每年举办一次。每年对监控系统安全防护人员进行政治思想、业务水平安全技能和工作表现的考核，并将结果记录在案，对不适宜接触网络和信息系统的人员要及时调离。

3.5 安全运维管理

3.5.1 值班与巡检

3.5.1.1 运行值班

运维检修部应建立网络安全运行集中监测机制，明确系统运行值班管理要求，建立《系统运行值班管理办法》（附录八）。

运维检修部组织开展 7×24h 网络安全运行值班，运行值班人员应对网络安全事件告警和网络安全设施运行状况进行实时监视和分析，确保电力监控系统网络安全事件告警及时发现、即时处理和迅速报告。

运行值班人员应每日做好网络安全运行日志记录工作，按月对运行情况进行统计、分析及汇总，按要求报运维检修部，运维检修部分析汇总后报公司总部。

运行值班过程中应建立交接班制度，在处理网络安全事件或设备故障时，不宜进行交接班工作。

3.5.1.2　运行巡检

公司明确系统巡检管理要求，建立《监控系统巡检管理办法》（附录九）；制定巡检制度并编制巡检计划，按时开展巡检并做好记录，发现问题及时报告运行值班人员和运行管理部门。明确值班员系统数据报送管理要求，建立《信息运行数据报送管理办法》（附录十），配合做好相关现场处理工作。

巡视、检测明确系统故障管理要求，建立《监控系统故障处理与维护管理办法》（附录十一）；发现的设备缺陷应按照《电力监控系统设备缺陷管理办法》（附录十二）有关要求进行处理，缺陷无法处理或损坏的设备应及时予以更换。

电力监控系统巡检工作包括巡视和检测，一般限定于不需要停止任何信息服务的工作。电力监控系统设备巡视是指对信息设备外观表象进行日常检查，以期及时发现已经出现的设备缺陷；电力监控系统设备检测是指按照一定的周期，通过登录系统，或使用一定的仪器，对信息设备的软硬件运行情况进行深入的检查，达到及时发现潜在故障隐患的目的。

各水电厂核心设备、影响电力监控系统系统运行条件的设备的巡视和检测项目及周期，由运维检修部根据公司范围内的电力监控系统建设及设备选型情况规定；水电厂管辖范围内一般设备的巡视和检测项目及周期，根据设备的用途、重要性自行制定，并报公司总部批准备案。

每周期的巡视和检测任务必须落实到具体人员，定期提前排定设备巡视及检测任务的值班表，当值人员出差、休假的，应当提前提出申请，经水电厂分管领导批准后及时安排、通知替补人员，巡视、检测工作的相关责任相应转移。

每次设备巡视、检测应当填写相应的巡视记录、检测记录，相关记录统一存档。

电力监控系统巡检的对象包括机房环境、各种服务器、网络设备、存储设备、安全设备、电源及空调设备等与信息系统安全稳定运行有关的所有设备以及安装于这些设备的各种软件。运检部明确机房管理要求，建立《机房及附属设备系统运行管理办法》（附录十三）；明确终端运行管理要求，建立《终端运行维护管理办法》（附录十四）；明确系统补丁升级管理要求，建立《系统补丁升级系统管理办法》（附录十五）；明确数字证书认证管理要求，建立《数字证书认证系统运行管理办法》（附录十六）；明确数据库系统运行管理要求，建立《数据库系统运行管理办法》（附录十七）；明确入侵检测系统管理要求，建立《入侵检测系统管理办法》（附录十八）；明确计算机防病毒管理要求，建立《计算机防病毒管理办法》（附录十九）；明确服务器系统运行管理要求，建立《服务器（主机）系统运行管理办法》（附录二十）；明确防火墙运行管理要求，建立《防火墙管理办法》（附录二十一）；明确存储系统运行管理要求，建立《存储系统运行管理办法》（附录二十二）。

3.5.2 事件处置与报告

3.5.2.1 告警处置

电力监控系统网络安全告警是指通过技术手段监测到的网络安全潜在威胁，或对电力监控系统安全具有影响的可疑行为。根据告警可能的影响程度，将电力监控系统网络安全告警分为紧急告警、重要告警和一般告警3个等级。建立《事件处置与报告预案》（附录二十三）。

告警处置及报告要求：

（1）发现紧急告警应立即处理，重要告警应在24h内处理，多次出现的一般告警应在48h内处理；

（2）发生紧急告警后，运行值班人员应立即组织相关运维单位开展告警分析和处置，3日内完成《网络安全紧急告警分析报告》报运维检修部，运维检修部即时向公司本部报送。报告内容应包含告警描述、影响范围、分析过程、处理结果和后续防范措施等。

（3）告警经分析认定为网络安全事件的，按网络安全事件要求进行处置和报告。

运维检修部应加强对重要告警和一般告警的统计和分析，按月形成统计分析报告并按要求汇总后报送公司本部。

3.5.2.2 网络安全事件处置

电力监控系统网络安全事件是指由于人为原因、软硬件缺陷或故障，对电力监控系统或者其中的数据造成危害的事件。根据事件对不同安全等级系统造成的影响和破坏程度，将电力监控系统网络安全事件分为一般网络安全事件、较大网络安全事件、重大网络安全事件、特别重大网络安全事件4个等级。

网络安全事件处置及报告要求：

（1）运维单位发现网络安全事件，应采取紧急防护措施，防止事件扩大，并立即向运行值班人员报告。

（2）运行值班人员发现网络安全事件或接到相关报告，应在15min内向运维检修部报告。

（3）运维检修部应按应急预案要求启动应急处置流程，组织相关部门立即开展应急处置，并按事件级别执行事件报告制度。

（4）发生一般网络安全事件，应在1h内报告公司本部。

（5）发生较大网络安全事件，应在30min内报告公司本部。

（6）重大、特别重大网络安全事件，应在15min内报告公司本部，并由公司本部逐级上报，特别重大网络安全事件报告公司网络与信息化领导小组。

（7）网络安全事件处置过程中，相关部门应每日按事件报告要求报告事件处置进展；处置完毕后，及时报告处置结果，并于处置完毕后1日内报送网络安全事件分析报告。

3.5.3 预警与应急

3.5.3.1 风险预警处置

运维检修部应建立电力监控系统网络安全监测预警与信息通报机制，明确系统应急预案管理要求，建立《系统应急预案管理办法》（附录二十四），定期开展电力监控系统网络安全风险预警处置演练。

运维检修部应统筹协调技术支撑单位开展网络安全信息收集和分析，加强网络安全风险监测，通过运行监视分析、下级单位上报等渠道掌握潜在风险。

公司运维检修部组织对风险预警进行定级，向各单位运检部发布风险预警通知，组织各单位开展风险预警处置。

相关部门在接到风险预警后，应立即组织技术人员结合运维范围的实际情况，开展预警处置，及时消除风险，并按要求将风险预警处置结果报送运维检修部。

3.5.3.2 应急处置

运维检修部应制定《应急预案管理规定》，针对安全事件等级，考虑其可能性及对系统和业务产生的影响，制定响应不同事件的应急预案，内容应包括启动应急预案的条件、应急处理流程、系统恢复流程、事后教育和培训等内容，保证应急预案的处置办法能够适应不同的安全事件。

应对应急预案进行定期培训，培训时间要至少每年举办一次，培训人员要包含安全管理员、系统管理员、网络管理员等相关系统工作人员。

应根据不同的应急恢复内容对应急预案进行演练，演练要制定详细的计划，确定演练的周期时间。

应定期审查应急预案，定期对应急预案进行更新，明确应急预案的修订事件和修订内容，确保不断出现的新安全事件得到妥善处置，将影响降低到最小。

3.5.3.3 应急演练

3.5.4 日常运维与数据安全

3.5.4.1 日常运维

水电厂建立网络安全运行机制。建立网络安全监测和运行值班制度，落实维护、监视、处置和管理责任，建立网络安全事件实时监视、在线处置、统一指挥、协同应对的运行保障机制，不断提高网络安全风险动态感知、预防预控的主动应对能力。

运维检修部负责信息系统资产管理和运维管理，并根据实际生产情况制定公司电力监控系统安全防护方案，防护方案应每年滚动修改、完善并报上级主管单位和上级调度机构审批、备案。

网络及应用系统规划、建设及接入时须符合电力监控系统安全防护的要求，技术方案需履行审批手续并报上级主管单位备案。

接入电力调度数据网络的设备和应用系统，其接入技术方案和安全防护措施必须经直接负责的电力调度机构审核，接入的安全防护设备，必须获得国家指定机构安全检测证明。

根据电力监控系统相关规定和生产运行实际情况，适时制定电力监控系统安全防护升级、改造方案，经公司审批及上报上级主管单位审查备案后，方可对电力监控系统安全防护系统进行升级、改造。升级、改造前需要由电力监控系统相关设备及系统的开发单位、供应商提供详细的施工方案，并提供针对升级、改造过程中将会出现的异常情况相应的解决办法。升级、改造完成后，所有的相关资料必须齐备并存档备案。

运维检修部负责接入设备的网络端口开启、IP 地址设置等工作，保证用户顺利接入信息网络并正常工作。对于所有接入网络的公共设备，需填写《信息网络设备入网申请表》并完成审批手续后方可接入。

运维护检修部要加强电力监控系统安全防护设备的管理，建立设备台账，建立规范的设备履历、档案资料，记录系统规划、技改、日常维护及运行情况；还应合理安排备品备件和备用设备库存，以保证故障能够及时排除，不影响网络设备的正常运行。

所有设备的运行管理应做到责任到人，定期检查、巡视和维护，通过有效的技术手段和措施实时监测网络设备的运行情况。认真记录设备异常、设备缺陷、故障分析、故障处理过程等运行情况，做好运行统计工作。

在日常生产运行过程中出现故障或缺陷时，应将缺陷录入生产管理系统中，并及时进行消缺，消缺过程中严格履行工作许可手续，工作过程中按照操作规范执行并做好操作记录。

在对网络设备的重大故障排除、网络设备的升级及配置变更以及安全过滤规则的修改、网络设备的投运与停运、其他可能对网络设备运行造成重大影响的操作时应填写《信息网络设备变更申请单》，经公司批准后方可实施。实施时严格履行工作许可手续，工作过程中按照操作规范执行并做好操作记录。

运维护检修部应定期对网络设备的配置进行备份；在配置变更、系统软件升级等操作前及操作后，应做好设备配置的备份，确定必要的网络设备恢复安装方案。

电力监控系统防护人员应保证整个监控系统日常安全和稳定运行，同时监视应用系统的运行情况，及时发现安全隐患并采取适当措施进行防御和补救，同时做好记录，如发现重大安全隐患或问题，须立即上报公司领导小组、上级主管单位或部门以及当地国家能源局派出机构。

加强机房出入管理，对机房建筑采取门禁或专人值守等措施，防止非法进入，出入机房需进行登记。

运维人员定期对机房供配电、空调、温湿度控制等设施进行巡检和维护管理。

网络管理员定期对信息系统相关的各种设备（包括备份和冗余设备）、线路等进行维护管理，每年至少维护一次设备。

运维检修部负责编制信息系统运行维护规程，规程主要内容包括各种服务器、终端计算机、工作站、便携机、网络设备、安全设备、存储设备等的操作和使用。

网络管理员定期对网络进行管理，负责运行日志、网络监控记录的日常维护和报警信息分析和处理工作。

运检部明确系统口令管理要求，建立《信息系统口令管理办法》（附录二十五），各类超级用户账号由设备主人掌握，禁止多人共用。临时账号应设定使用时限，员工离职、离岗时，信息系统的访问权限应同步收回。应定期（半年）对信息系统用户权限进行审核、清理，删除废旧账号、无用账号，及时调整可能导致安全问题的权限分配数据。

网络管理员应定期对网络系统进行漏洞扫描，对发现的网络系统安全漏洞进行及时的修补。

实现设备的最小服务配置，禁止配置与业务无关的策略，并对配置文件进行定期离线备份。

网络管理员定期检查违反规定拨号上网或其他违反制度中的网络安全策略的行为。

网络管理员定期清理外部设备中存储的信息，包含外部设备内存和硬盘。

读取移动存储设备上的数据以及网络上接收文件或邮件之前，先进行病毒检查，对外来计算机或存储设备接入网络系统之前也应进行病毒检查。

运检部明确系统测试管理要求，建立《应用系统测试办法》（附录二十六），定期检查应用系统功能进行升级、系统改造以及系统内各种产品的恶意代码库的升级情况并进行测试和记录，对主机防病毒产品、防病毒网关和邮件防病毒网关上截获的危险病毒或恶意代码进行及时分析处理，并形成书面的报表和总结汇报。

运维护检修部明确产品验收管理要求，建立《软件产品验收办法》（附录二十七），根据软件产品的大小、重要性等指标，软件产品验收时可以组建软件产品验收小组，验收小组可以聘请公司内外相关技术、管理方面的专家组成。验收小组的意见可以作为最终验收意见。

3.5.4.2　数据安全

数据备份的内容包括各专业设备和应用系统中的所有关键业务数据，如计算机（含PLC 装置）和网络设备的操作系统、应用软件、系统数据和应用数据等。

电力监控系统安全防护人员按专业类别对业务数据进行全面分析，制定合理可行的备份策略（包括备份方式、备份周期和保留周期）并负责实施。重要数据应实时在线备份，并保证有不少于 7 天的连续性。一般数据每周做一次备份。

对重要系统的数据必须保证全备份。当系统参数修改后，必须做新的系统全备份。系统全备份的介质必须保证参数修改前和修改后的两个备份。

对计算机和设备进行软件安装、系统升级改造或更改配置时，应进行系统和数据、设备参数的完全备份。

数据备份至少应保留两份拷贝，一份在现地保存，以保证数据的快速恢复和数据查询，另一份异地保存，避免发生灾难事件后数据无法恢复。

数据库服务器应采取双机热备、集群等方式，确保在通信线路或设备故障时提供备用方案。

存储备份数据的介质（磁带、软盘、有容错能力的磁盘列阵、光学存储设备、移动硬盘等）应存放于安全的环境（如防盗、防潮、防鼠、防磁和防辐射等），并定期进行检查或校验。校验应使用专业的校验工具进行。

做好系统和数据恢复的策略。当系统出现故障时，电力监控系统安全防护人员应严格按照规定的程序及时恢复系统和数据。

做好数据备份的文档管理工作和运行维护日志工作。所有备份应有明确的标识，包括卷名、运行环境、备份人、备份时间等。

数据应进行数据完整性、数据保密性安全处理，应能够检测到鉴别信息和重要业务数据在传输过程中完整性是否受到破坏，采用加密或其他保护措施实现鉴别信息的存储保密性。

备份的数据应在其他设备上进行数据检查并在测试系统上检查可恢复性。

生产控制大区严格限制移动存储介质的使用，接入生产控制大区的移动存储介质必须为专用存储介质，在每次接入使用前必须进行格式化和病毒查杀，确保介质安全。

应确保介质存放在安全的环境中，对各类介质进行控制和保护，并实行存储环境专人管理。

应对介质在物理传输过程中的人员选择、打包、交付等情况进行控制，对介质归档和查询等过程进行记录，并根据存档介质的目录清单定期盘点。

应对存储介质的使用过程、送出维修以及销毁等进行严格的管理，重要数据的存储介质带出工作环境必须进行内容加密并进行监控管理，对于需要送出维修或销毁的介质应采用多次读写覆盖、清除敏感或秘密数据、对无法执行删除操作的受损介质必须销毁，保密性较高的信息存储介质应获得批准并在双人监控下才能销毁，销毁记录应妥善保存。

应根据数据备份的需要对某些介质实行异地存储，存储地的环境要求和管理方法应与本地相同。

应对重要数据和软件采用加密介质存储，并根据所承载数据和软件的重要程度对介质进行分类和标识管理。

生产控制大区的专业设备数据备份工作由电力监控系统安全防护人员负责，信息管理大区的数据备份工作由信息系统专职负责。

3.5.5 安全检查与重大活动保障

3.5.5.1 安全检查

运维单位应每年开展网络安全自查和整改工作，运维检修部应会同各相关部门每年组织开展网络安全专项检查工作。自查与检查内容应包括基础设施物理安全、体系结构安全、系统本体安全、全方位安全管理、安全应急措施等方面。

具体检查工作由安全管理员负责，在发现问题时安全管理员应及时指出，督促相关安全责任人进行限期整改。应根据单位自身情况和当下较为严重的信息安全问题，制定安全检查表格实施检查，汇总检查数据，形成安全检查报告并通报结果，检查工作应做到内容翔实、结果真实、通报及时，便于相关责任方及时进行整改。

运维检修部应制定详细的检查流程和操作手册，使安全审核和安全检查工作有目的性和操作性，并定期按照程序进行安全审核和安全检查工作，及时发现问题和解决问题。

3.5.5.2 重大活动保障

根据活动保障级别，运维检修部应会同相关部门提前制定网络安全具体保障措施，针对特别重大活动应制定网络安全专项保障方案。

活动保障开始前，应提前开展网络安全自查，提前发现安全隐患并及时整改，运维检修部应会同相关部门对水电厂自身网络安全防护情况进行检查。

运维检修部应落实技术保障人员及相关备品备件，做好应急预案准备及演练工作。

技术支撑单位应协助水电厂开展网络安全值班监视，加强网络安全态势感知、风险研判和事件处置能力。

保障期间，水电厂应按公司本部要求实施网络安全零汇报制度。

3.5.6　设备管理

加强公司设备管理，规范设备采购入网、安装调试、验收投运、运行维护、检验检修、退役报废等过程管控，依据国家有关法律法规及技术标准的相关规定，制定《设备管理实施细则》（附录二十八）。

水电厂自动化系统和设备主要包括：水电厂监控系统、服务器、磁盘阵列、调度数据网设备、电力监控系统安全防护设备、UPS 电源、电能量采集设备、时间同步装置、同步相量测量单元（PMU）、终端服务器、智能网关机等系统、设备及其软件等。

附　录

附录一　信息安全管理规定

第一章　总 体 安 全

第一条　为了加强公司电力监控系统安全防护,防范网络黑客、病毒及恶意代码等对电力监控系统设备的攻击侵害以及由此引发生产事故,根据《电力监控系统安全防护规定》(国家发改委〔2014〕14号令)和《电力监控系统安全防护总体方案》(国能安全〔2015〕36号)等文件要求,结合公司实际情况,制定本规定。本规定适用于公司电力监控系统安全防护全过程管理,公司各级人员在进行电力监控系统安全防护项目建设、改造和运行管理时应严格执行本规定。

第二条　电力监控系统安全防护工作落实国家信息安全等级保护制度、按照国家信息安全等级保护的有关要求,坚持"安全分区、网络专用、横向隔离、纵向认证、综合防护"原则,保障电力监控系统信息安全。

第三条　公司内部基于计算机和网络技术的业务系统,原则上划分为生产控制大区和管理信息大区,生产控制大区可以分为控制区(又称安全区Ⅰ)和非控制区(又称安全区Ⅱ),安全分区内设备应划分正确,覆盖全面。

第四条　生产控制大区网络与管理信息大区网络应物理隔离,两网之间有信息交换时应部署符合电力系统安全防护要求的单向隔离装置,确保单向隔离装置策略配置安全有效,禁止任何穿越边界的E-Mail、Web、Telnet、Rlogin、FTP等通用网络服务。

第五条　在生产控制大区与广域网的纵向交接处应当设置经过国家指定部门检测认证的电力专用纵向加密认证装置或者加密认证网关及相应设施,确保纵向加密认证装置策略配置安全有效,实现双向身份认证、访问控制和数据加密传输。

第六条　电力调度数据网应当在专用通道上使用独立的网络设备组网,在物理层面上实现与其他数据网及外部公共信息网的安全隔离。

第七条　控制区的信息系统数据通信应使用电力调度数据网的实时子网或专用通道进行传输,非控制区的信息系统数据通信应使用电力调度数据网的非实时子网。

第八条　控制区与非控制区之间应采用国产防火墙或具有访问控制功能的设备进行隔离。

第九条　二级信息系统统一成域,三级及以上信息系统可单独成域。三级及以上信息系统域可由独立子网承载,每个域有唯一网络出口;对于难以整改的在线运行系统可在网络出口处采取部署符合第三级及以上等级保护要求的安全软硬件产品等措施,使系统整体具备第三级及以上等级保护能力。

第十条　与省级以上及有实际业务需要的地区调度中心有网络连接的电力监控系统、电力调度数据网上的关键应用、关键用户和关键设备，应使用电力调度数字证书系统实现身份认证、安全数据传输及鉴权。

第十一条　生产控制大区内需部署安全审计系统，可对网络运行日志、操作系统运行日志、数据库访问日志、业务应用系统运行日志、安全设施运行日志等进行集中收集、自动分析。

第二章　系　统　建　设

第十二条　涉及电力监控系统建设的项目需根据《信息安全技术　信息系统安全等级保护定级指南》（GB/T 22240—2008）、《国家能源局关于印发电力监控系统安全防护总体方案等安全防护方案和评估规范的通知》（国能安全〔2015〕36号）等文件进行规划设计、施工、调试验收和备案。

第十三条　电力监控系统建设投运设备和系统应完成等级保护定级，在公安部门完成备案，各等级设备或系统应具备相同级别保护能力。

第十四条　系统建设、扩建改造，安全产品、密码产品采购需按照公司采购流程或要求进行，安全方案设计应符合规范和要求，预先对产品进行选型测试，确定产品的候选范围，并定期审定和更新候选产品名单，对电力系统重要设备及专用信息安全产品在采购使用前，必须通过国家及行业监管部门推荐的专业机构完成的安全性检测，并出具合格的检测报告。

第十五条　自行软件开发应确保开发环境与实际运行环境物理分开，开发人员和测试人员分离，测试数据和测试结果受到控制，应要求开发单位提供软件源代码，并已通过软件后门和隐蔽信道等安全性检测。

第十六条　外包软件开发应根据开发要求检测软件质量，确保提供软件设计的相关文档和使用指南，在软件安装之前检测软件包中可能存在的恶意代码，在合同中明确开发单位、供应商所提供的电力监控设备及系统关于保密、生命周期、禁止关键技术和设备扩散等方面的条款，要求开发单位提供软件源代码，并已通过软件后门和隐蔽信道等安全性检测。

第十七条　在工程实施、测试验收、系统交付、系统备案、等级测评和安全服务商选择方面按照相关文件要求进行，指定专门的人员负责管理系统定级的相关材料，并控制这些材料的使用，将经电力监管机构审批的系统等级及其他要求的备案材料报相应公安机关备案。

第三章　网　络　安　全

第十八条　结构安全

主要网络设备应具有硬件性能与带宽的冗余能力，系统高峰运行时所占的带宽不应超过网络各层交换、接入、安全设备设计带宽的80%。

应绘制与当前运行情况相符的网络拓扑结构图，主要包括设备名称、型号、IP地址等信息，并提供网段划分、路由、安全策略等配置信息。当网络拓扑结构发生改变时，应及时更新网络拓扑结构图和相关台账、清单的信息。

应根据各部门的工作职能、重要性和所涉及信息的重要程度等因素，划分不同的子网或网段，并按照方便管理和控制的原则为各子网、网段分配地址段。

单个系统可单独划分安全域，系统可由独立子网承载，每个域的网络出口应唯一。

应按照对业务服务的重要次序来指定带宽分配优先级别，优先保障重要业务服务的带宽。

第十九条　访问功能

应在网闸、防火墙、具有访问控制列表（ACL）功能的三层路由器、交换机等边界网络设备上启用访问控制功能，该功能为数据流提供明确源 / 目的地址及端口的允许、拒绝访问的能力。

应按用户和系统之间的允许访问规则，决定允许或拒绝用户对受控系统进行资源访问，控制粒度为单个用户。以拨号或 VPN 等方式接入网络的，应采用两种或两种以上的认证方式，并对用户访问权限进行严格限制。

拨号访问服务，服务器和客户端均应使用经安全加固的达到国家相应等级保护要求的操作系统，并采取加密、数字证书认证和访问控制等安全防护和其他管理措施。

应限制具有拨号、VPN 等访问权限的用户数量。

应在会话处于非活跃一定时间或会话结束后终止网络连接。

应在关键交换机上进行 IP/MAC 绑定。

应在生产控制大区部署专用审计系统，审计记录包括：事件的日期和时间、用户、事件类型、事件是否成功及其他与审计相关的信息，应能根据记录数据进行分析，并生成审计报表。

应部署入侵检测系统，当检测到攻击行为时，记录攻击源 IP、攻击类型、攻击目的、攻击时间，在发生严重入侵事件时应提供报警。

第二十条　恶意代码防范

应部署防恶意代码产品，并维护恶意代码库的升级和检测系统的更新，更新前应进行安全性和兼容性测试。对现有的重要文件进行备份。

应定期对网络系统进行漏洞扫描，对发现的网络系统安全漏洞进行及时的修补。

第二十一条　网络设备防护

口令长度不低于 8 位，为数字、字母组合，且定期更换。

网络设备远程管理采用加密方式，并对管理地址进行限制。

网络设备应具有登录失败处理功能，可采取结束会话、限制非法登录次数、登录超时自动退出等措施。

第四章　设　备　安　全

第二十二条　身份验证

操作系统和数据库系统管理用户身份鉴别信息应不易被冒用，口令复杂度应满足长度不得小于 8 位，且为字母、数字或特殊字符的混合组合的要求并定期更换。用户名和口令不得相同，禁止明文存储口令。

应启用登录失败处理功能，可采取结束会话、限制非法登录次数和自动退出等措施；应限制同一用户连续失败登录次数。

第二十三条　访问控制

Windows 操作系统，普通用户对于系统重要文件的权限仅为"列出文件夹内容"、"读取"，且关闭默认共享；Linux 操作系统中普通用户对于系统重要文件的权限仅为只读。

数据库管理员与操作系统管理员账户要在不同组；操作系统管理员账户不能登录数据库；数据库管理员和系统管理员由不同人员承担。

Windows 操作系统：Administrator 重命名、Guest 禁用；Linux/Unix 操作系统：在 etc/passwd 文件中，对以下默认缺省账号进行注释：lp、sync、shutdown、halt、news、uucp、operator、games、gopher。

应及时删除多余的、过期的账户，避免共享账户的存在。

第二十四条　恶意代码防范

应在主机上安装防恶意代码软件，并及时更新防恶意代码软件版本和恶意代码库，更新前应进行安全性和兼容性测试。

在生产管理大区和管理信息大区分别部署独立的防恶意代码管理系统，采用离线方式及时升级经测试验证过的系统特征库；主机和网络的防恶意代码产品应部署不同的代码库。

应部署入侵检测系统，采用离线方式及时升级系统特征库，在检测到对重要服务器进行入侵的行为时，能够记录入侵的源 IP、攻击的类型、攻击的目的、攻击的时间，并在发生严重入侵事件时提供报警。

第二十五条　安全审计

在 Windows 系统中需开启其"审核策略"，Linux 系统需配置和开启 syslog、audit 服务和进程；

审计内容应包括重要用户行为、系统资源的异常使用和重要系统命令的使用等系统重要安全相关事件，至少包括：用户的添加和删除、审计功能的启动和关闭、审计策略的调整、权限变更、系统资源的异常使用、重要的系统操作（如用户登录、退出）等；

审计记录应包括事件的日期、时间、类型、主体标识、客体标识和结果等。应合理分配存储空间和存储时间，避免审计记录受到未预期的删除、修改或覆盖。

第二十六条　资源控制

windows 系统可开启主机防火墙或者通过 TCP/IP 筛选功能实现终端接入 IP 地址和端口的控制；linux 系统可在 /etc/host.allow 或 /etc/host.deny 文件中允许或拒绝某个地址通过 Telnet 或 SSH 方式进行登录等；

Windows 系统可通过开启带密码的屏幕保护功能来进行本地终端登录的超时锁定，而对于远程终端登录，则可通过设置"空闲会话限制"来进行锁定。Linux 系统：检查 /etc/profile 设置 TMOUT 或 TIMEOUT 是否不大于 600s。

应关闭或拆除主机的软盘驱动、光盘驱动、USB 接口、串行口等，确需保留的应严格管理。

第二十七条 专用工具管理

原则上禁止外来各类专用工具、智能设备、手持终端、介质等接入生产控制大区。如确因工作需要，接入前应进行申请、检测，确无漏洞、病毒等后方可接入。新增设备接入前应进行申请、检测，确无漏洞、病毒等后方可接入。

各类专用工具、智能设备、手持终端、介质等应专人管理并存放在安全的指定环境中，禁止安装运行与维护无关的程序，关闭无用服务，禁止带出生产区域，并不得连接Internet。

定期对各类专用工具、智能设备、手持终端、介质等进行病毒查杀等信息安全检测。

第五章 人员安全管理

第二十八条 公司严格规范电力监控系统安全防护人员管理，人事综合部负责人员录用、离岗管理，在人员录用过程，对被录用人员的身份、背景、专业资格和资质等进行审查，对其所具有的技术技能进行考核；已录用人员上岗前应与公司签署相应保密协议、安全协议和岗位责任书。运维检修部负责电力监控系统安全防护人员的考核、培训管理。

第二十九条 电力监控系统安全防护人员在网络安全及信息化领导小组的统一领导下，按照公司和国家有关规范文件的要求认真开展各项防护工作。电力监控系统安全防护人员必须经过网络与安全培训后方可上岗。

第三十条 禁止未经监控系统安全防护专责人员的许可，私自对监控系统工程师站、服务器和应用系统进行操作。

第三十一条 监控系统安全防护人员调离原岗位必须严格办理离岗手续，移交全部技术资料，明确其离岗后的保密义务，并立即更换有关口令和密钥，注销器专用账号。涉及核心技术部分开发的技术人员调离时，应确认其对应用系统安全不会造成危害后方可调离。

第三十二条 监控系统安全防护人员进入工作现场进行工作时，要确保所使用的工具设备没有病毒后方可接入系统进行工作。

第三十三条 原则上不允许外部人员访问监控系统生产控制大区。对确因系统维护服务需要进行管理访问时，履行公司有关外包工程管理办法，对其进行安全教育考试，并对外部人员允许访问的区域、系统、设备、信息等内容应进行书面约定，由专人全程陪同或监督，并在《重要区域人员出入登记本》上登记备案方可进行规定区域的工作，同时应采取必要的安全措施。

第三十四条 每年对监控系统安全防护人员进行政治思想、业务水平安全技能和工作表现的考核，并将结果记录在案，对不适宜接触网络和信息系统的人员要及时调离。

第三十五条 公司定期对各岗位人员进行安全教育、岗位技能培训和相关安全技术培训，并将教育培训的情况和结果记录在案。

第三十六条 针对不同岗位制定不同的培训计划，对信息安全基础知识、岗位操作规程等进行的培训应至少每年举办一次。

第六章 日 常 运 维 安 全

第三十七条 运维检修部负责信息系统资产管理和运维管理，并根据实际生产情况制定公司电力监控系统安全防护方案，防护方案应每年滚动修改、完善并报上级主管单位和上级调度机构审批、备案。

第三十八条 网络及应用系统规划、建设及接入时须符合电力监控系统安全防护的要求，技术方案需履行审批手续并报上级主管单位备案。

第三十九条 接入电力调度数据网络的设备和应用系统，其接入技术方案和安全防护措施必须经直接负责的电力调度机构审核，接入的安全防护设备，必须获得国家指定机构安全检测证明。

第四十条 根据电力监控系统相关规定和生产运行实际情况，适时制定电力监控系统安全防护升级、改造方案，经公司审批及上报上级主管单位审查备案后，方可对电力监控系统安全防护系统进行升级、改造。升级、改造前需要由电力监控系统相关设备及系统的开发单位、供应商提供详细的施工方案，并提供针对升级、改造过程中将会出现的异常情况相应的解决办法。升级、改造完成后，所有的相关资料必须齐备并存档备案。

第四十一条 运维检修部负责接入设备的网络端口开启、IP 地址设置等工作，保证用户顺利接入信息网络并正常工作。对于所有接入网络的公共设备，需填写《信息网络设备入网申请表》并完成审批手续后方可接入。

第四十二条 运维护检修部要加强电力监控系统安全防护设备的管理，建立设备台账，建立规范的设备履历、档案资料，记录系统规划、技改、日常维护及运行情况；还应合理安排备品备件和备用设备库存，以保证故障能够及时排除，不影响网络设备的正常运行。

第四十三条 所有设备的运行管理应做到责任到人，定期检查、巡视和维护，通过有效的技术手段和措施实时监测网络设备的运行情况。认真记录设备异常、设备缺陷、故障分析、故障处理过程等运行情况，做好运行统计工作。

第四十四条 在日常生产运行过程中出现故障或缺陷时，应将缺陷录入生产管理系统中，并及时进行消缺，消缺过程中严格履行工作许可手续，工作过程中按照操作规范执行并做好操作记录。

第四十五条 在进行网络设备的重大故障排除、网络设备的升级、配置变更、安全过滤规则的修改、网络设备的投运与停运、其他可能对网络设备运行造成重大影响的操作时应填写《信息网络设备变更申请单》，经公司批准后方可实施。实施时严格履行工作许可手续，工作过程中按照操作规范执行并做好操作记录。

第四十六条 运维护检修部应定期对网络设备的配置进行备份；在配置变更、系统软件升级等操作前及操作后，应做好设备配置的备份，确定必要的网络设备恢复安装方案。

第四十七条 电力监控系统防护人员应保证整个监控系统日常安全和稳定运行，同时监视应用系统的运行情况，及时发现安全隐患并采取适当措施进行防御和补救，同时做好记录，如发现重大安全隐患或问题，须立即上报公司领导小组、上级主管单位或部门以及当地国家能源局派出机构。

第四十八条　加强机房出入管理，对机房建筑采取门禁或专人值守等措施，防止非法进入，出入机房需进行登记。

第四十九条　运维人员定期对机房供配电、空调、温湿度控制等设施进行巡检和维护管理。

第五十条　网络管理员定期对信息系统相关的各种设备（包括备份和冗余设备）、线路等进行维护管理，每年至少维护一次设备。

第五十一条　运维检修部负责编制信息系统运行维护规程，规程主要内容包括各种服务器、终端计算机、工作站、便携机、网络设备、安全设备、存储设备等的操作和使用。

第五十二条　网络管理员定期对网络进行管理，负责运行日志、网络监控记录的日常维护和报警信息分析和处理工作。

第五十三条　各类超级用户账号由设备主人掌握，禁止多人共用。临时账号应设定使用时限，员工离职、离岗时，信息系统的访问权限应同步收回。应定期（半年）对信息系统用户权限进行审核、清理，删除废旧账号、无用账号，及时调整可能导致安全问题的权限分配数据。

第五十四条　网络管理员应定期对网络系统进行漏洞扫描，对发现的网络系统安全漏洞进行及时的修补。

第五十五条　实现设备的最小服务配置，禁止配置与业务无关的策略，并对配置文件进行定期离线备份。

第五十六条　网络管理员定期检查违反规定拨号上网或其他违反制度中的网络安全策略的行为。

第五十七条　网络管理员定期清理外部设备中存储的信息，包含外部设备内存和硬盘。

第五十八条　读取移动存储设备上的数据以及网络上接收文件或邮件之前，先进行病毒检查，对外来计算机或存储设备接入网络系统之前也应进行病毒检查。

第五十九条　定期检查信息系统内各种产品的恶意代码库的升级情况并进行记录，对主机防病毒产品、防病毒网关和邮件防病毒网关上截获的危险病毒或恶意代码进行及时分析处理，并形成书面的报表和总结汇报。

第七章　数　据　安　全

第六十条　数据备份的内容包括各专业设备和应用系统中的所有关键业务数据，如计算机（含 PLC 装置）和网络设备的操作系统、应用软件、系统数据和应用数据等。

第六十一条　电力监控系统安全防护人员按专业类别对业务数据进行全面分析，制定合理可行的备份策略（包括备份方式、备份周期和保留周期）并负责实施。重要数据应实时在线备份，并保证有不少于 7 天的连续性。一般数据每周做一次备份。

第六十二条　对重要系统的数据必须保证全备份。当系统参数修改后，必须做新的系统全备份。系统全备份的介质必须保证参数修改前和修改后的两个备份。

　　第六十三条　对计算机和设备进行软件安装、系统升级改造或更改配置时，应进行系统和数据、设备参数的完全备份。

　　第六十四条　数据备份至少应保留两份拷贝，一份在现地保存，以保证数据的快速恢复和数据查询，另一份异地保存，避免发生灾难事件后数据无法恢复。

　　第六十五条　数据库服务器应采取双机热备、集群等方式，确保在通信线路或设备故障时提供备用方案。

　　第六十六条　存储备份数据的介质（磁带、软盘、有容错能力的磁盘列阵、光学存储设备、移动硬盘等）应存放于安全的环境（如防盗、防潮、防鼠、防磁和防辐射等），并定期进行检查或校验。校验应使用专业的校验工具进行。

　　第六十七条　做好系统和数据恢复的策略。当系统出现故障时，电力监控系统安全防护人员应严格按照规定的程序及时恢复系统和数据。

　　第六十八条　做好数据备份的文档管理工作和运行维护日志工作。所有备份应有明确的标识，包括卷名、运行环境、备份人、备份时间等。

　　第六十九条　数据应进行数据完整性、数据保密性安全处理，应能够检测到鉴别信息和重要业务数据在传输过程中完整性是否受到破坏，采用加密或其他保护措施实现鉴别信息的存储保密性。

　　第七十条　备份的数据应在其他设备上进行数据检查，并在测试系统上检查可恢复性。

　　第七十一条　生产控制大区严格限制移动存储介质的使用，接入生产控制大区的移动存储介质必须为专用存储介质，在每次接入使用前必须进行格式化和病毒查杀，确保介质安全。

　　第七十二条　应确保介质存放在安全的环境中，对各类介质进行控制和保护，并实行存储环境专人管理。

　　第七十三条　应对介质在物理传输过程中的人员选择、打包、交付等情况进行控制，对介质归档和查询等过程进行记录，并根据存档介质的目录清单定期盘点。

　　第七十四条　应对存储介质的使用过程、送出维修以及销毁等进行严格的管理，重要数据的存储介质带出工作环境必须进行内容加密并进行监控管理，对于需要送出维修或销毁的介质应采用多次读写覆盖、清除敏感或秘密数据，对无法执行删除操作的受损介质必须销毁，保密性较高的信息存储介质应获得批准并在双人监控下才能销毁，销毁记录应妥善保存。

　　第七十五条　应根据数据备份的需要对某些介质实行异地存储，存储地的环境要求和管理方法应与本地相同。

　　第七十六条　应对重要数据和软件采用加密介质存储，并根据所承载数据和软件的重要程度对介质进行分类和标识管理。

　　第七十七条　生产控制大区的专业设备数据备份工作由电力监控系统安全防护人员负责，信息管理大区的数据备份工作由信息系统专职负责。

第八章 应 用 安 全

第七十八条 提供专用的登录控制模块对登录用户进行身份标识和鉴别。

第七十九条 强化用户登录身份认证功能，采用用户名及口令进行认证时，应当对口令长度、复杂度、生存周期进行强制要求。系统应提供用户身份标识唯一和鉴别信息复杂度检查功能，禁止口令在系统中以明文形式存储。系统应当提供制定用户登录错误锁定、会话超时退出等安全策略的功能。

第八十条 提供访问控制功能，依据安全策略控制用户对文件、数据库表等客体的访问。由授权主体配置访问控制策略，并严格限制默认账户的访问权限。

第八十一条 应用系统应实现"三权分立"，要有管理员账户、普通用户账户和审计账户。

第八十二条 提供覆盖每个用户的安全审计功能，对应用系统的用户登录、用户退出、增加用户、修改用户权限等重要安全事件进行审计。保护应用系统审计日志，定期对日志进行备份。

第八十三条 在通信双方建立连接之前，应用系统应利用密码技术进行会话初始化验证。对通信过程中的用户口令、会话密钥等敏感信息进行加密。

第八十四条 应提供数据有效性检验功能，保证通过人机接口输入或通过通信接口输入的数据格式或长度符合系统设定要求；

第八十五条 提供自动保护功能，当故障发生时自动保护当前所有状态，保证系统能够进行恢复。

第八十六条 应用系统应可设置默认用户在一段时间内未作任何响应，自动结束会话。

第八十七条 控制单个用户的多重并发会话和最大并发连接数，对一个时间段内可能的并发会话连接数进行限制，限制单个用户对系统资源、磁盘空间的最大或最小使用限度，当系统服务水平降低到预先规定的最小值时，应能检测并报警。

第八十八条 应用系统应设置账户和进程的优先级，确保重要的用户和进程优先访问系统资源。

第八十九条 具有控制功能的系统，控制类信息必须通过生产控制大区网络或专线传输，实现系统主站与终端间基于国家认可密码算法的加密通信，基于数字证书体系的身份认证，对主站的控制命令和参数设置指令须采取强身份认证及数据完整性验证等安全防护措施。

第九章 移 动 介 质 管 理

第九十条 安全移动存储介质是指通过专用注册工具对普通的移动存储介质（主要为移动硬盘、U盘）内数据经过高强度算法加密，并根据安全控制策略的需要进行数据区划分，使其具有较高安全性能的移动存储介质。

第九十一条 安全移动存储介质的管理，遵循"统一购置、统一保管、跟踪管理"的原则，严格控制发放范围。安全移动存储介质须放在保险柜中保存，保险柜钥匙、密码须由专人保管。

第九十二条 公司对安全移动存储介质的使用负有指导、监督、检查等管理职责。

第九十三条 安全移动存储介质日常管理和运行维护工作应当指定专人负责。

第九十四条 涉及国家秘密信息的交换、保存、处理按国家有关法律、法规和制度执行。

第九十五条 安全移动存储介质应当用于存储工作信息，不得用于其他用途。涉及电力监控系统信息数据必须存放在保密区，不得使用普通存储介质存储涉及电力监控系统秘密的信息。

第九十六条 禁止将安全移动存储介质中涉及电力监控系统秘密的信息拷贝到外网计算机，禁止在外网计算机上保存、处理涉及电力监控系统秘密的信息。

第九十七条 使用人使用完毕后应对安全移动存储介质存储信息进行整理。

第九十八条 严禁长期在安全移动存储介质上工作，不得将安全移动存储介质当成本地磁盘使用。

第九十九条 在安全移动存储介质使用过程中，应当注意检查病毒、木马等恶意代码，注意远离水源、火源，避免接触强磁物体、避免阳光直接照射。

第一百条 应采取必要的手段防止 USB 存储介质在信息管理大区与生产控制大区交叉使用，在生产控制大区使用移动存储介质应电厂领导审批。

附件 1   用户账号申请和变更表

用户账号申请和变更表

姓名		部门	
处室（班组）			
申请账户系统			
申请开通权限			
取消账户系统			
申请取消权限			
申请或取消理由			
分管领导意见： 签名： 　　　年　　月　　日			
备注： 			

附件 2　备份数据恢复测试记录表

备份数据恢复测试记录表

测试时间		测试人	
测试对象			
备份文件名		备份时间	
恢复测试详情			
监护人		恢复结论	

附件3 系统备份数据检查表

系统备份数据检查表

检查时间			检查人	
检查范围	生产控制大区	阵列数据库	镜像数据库	备调数据库
	状态			
	数据一致性			
	剩余空间			
	信息管理大区	Web 阵列数据库		
	状态			
	数据一致性			
	剩余空间			
检查结论				
确认人			确认时间	

附件 4　防病毒系统、恶意代码更新记录表

防病毒系统、恶意代码更新记录表

日期			
操作员		监护员	
更新范围			
更新说明			

附件 5　电力监控系统密码更改记录

电力监控系统密码更改记录

日期			
操作员		监护员	
工作范围			
设备清单			
其他			

附件6　移动介质使用登记表

移动介质使用登记表

领用人		借出人	
介质编号			
用途			
领用时间			
接入系统前安全扫描结果：			
归还时间			
介质安全检查结果：			

附录二　电力监控系统安全防护总体实施方案

1　概述

×× 有限公司（以下简称 ××）×××× 项目位于 ××××。电站于 ×× 年 ×× 月正式开工建设，×× 年 ×× 月全部建成投产，批准概算 ×× 亿元人民币，竣工决算 ×× 亿元人民币，安装 × 台额定功率 ××MW 单级立轴可逆式抽水蓄能发电机组，总装机容量 ××MW，目前在 ×× 电网中承担 ×× 等功能。

电力调度数据网络承载着电力调度生产各类业务数据的传输，×× 电站作为接入节点接入 ×× 省调电力调度数据网络和 ×× 电力调度数据网络，为电站相关应用系统的数据交换和资源共享提供传输平台。

×× 电站根据《电力监控系统安全防护总体方案》国能安全〔2015〕36 号及集团公司《电力监控系统安全防护总体方案》文件，制定本方案，旨在通过该方案的实施确保电力监控系统的安全、稳定、可靠运行。

2　方案依据及适用范围

2.1　适用范围

本安全防护总体方案适用于 ×× 电站电力监控系统等工控系统的规划设计、项目审查、工程实施、系统改造、运行管理等相关工作内容。

2.2　方案依据

《电力监控系统安全防护规定》国家发改委〔2014〕14 号

《电力监控系统安全防护总体方案》国能安全〔2015〕36 号

《电力行业信息安全等级保护管理办法》国能安全〔2014〕318 号

《电力行业网络与信息安全管理办法》国能安全〔2014〕317 号

3　总体目标

×× 电站安全防护的总体目标：坚持"安全分区、网络专用、横向隔离、纵向认证"的总体原则，明确分层分区，以生产控制大区和管理信息大区之间的安全防护为重点，通过部署横向安全隔离装置和防火墙，符合《电力监控系统安全防护规定》（国能安全〔2015〕36 号）的要求，有效抵御黑客、病毒、恶意代码等通过两个大区的边界连接对电厂生产网络系统发起的恶意破坏和攻击，防止由此导致的一次系统事故或大面积停电事故，以及电力监控系统的崩溃或瘫痪；防止未授权用户访问系统或非法获取信息和侵入以及重大的非法操作；不发生电力监控系统的人为责任事故，不因电力监控系统的安全问题引发电网事故。

×× 电站需要实现的主要目的是安全发电以服务于人民。在电网环境中，存在用电高峰与用电低谷期，在低谷期电站可以进行抽水蓄能，以便在高峰期进行放水发电以缓解电网用电压力，实现能源的合理分配，从而减小能源的浪费。另外，在潮汛期间 ×× 电站也可以进行抽水防洪，缓解城市内涝情况，充当防洪大坝的作用。为了实现以上目的，保证电网的安全运行，××电站可以从以下3个方面进行安防工作。

定期对××电站进行等级保护测评，风险评估以及漏洞加固工作。此安防工作每年度进行一次，在××电站正式工作人员的全程陪护下，测评人员需要对××电站的总体安全、物理安全、管理安全、应用安全、数据安全、网络安全以及主机安全等10个方面进行一次全方位的漏洞测评工作，及时发现××电站已经存在和潜在存在的安全问题，并按照国网公司要求对问题进行安全加固。在测评及加固工作结束后，测评人员对现场测评获得的测评证据和资料进行分析，判定单项测评结果及单元测评结果，进行整体测评分析和风险分析，最终形成《等级保护测评报告》《风险评估测评报告》以及《设备安全加固报告》。报告一式四份，一份提交测评委托单位、一份提交国家能源局及当地派出机构、一份提交受理备案的公安机关、一份由测评单位留存。

××电站内部工作人员应多开展安全技术培训，进行安全知识考试，加强专业技能学习，提高安全思想意识。遵循专网专责的原则，建立有体系的组织机构与健全的规章制度，委任相应的专责工作人员。所委任的专责人员必须为思想积极、技术过硬的正式工作人员，以确保对自己所负责的职责有一个非常清楚的认识，从而降低安全风险。

××电站应多开展内部安全检查，定期进行全面摸底肃清，确保××电站内部不存在冗余职位、管理漏洞以及潜在安全风险。通过开展安全竞赛，促进××电站内部人员的安全意识积极性，从而确保电站的安全运行。

4 管理措施

4.1 组织机构

电站成立网络安全及信息化领导小组和工作小组，领导小组由公司总经理担任组长，全面负责公司网络安全及信息化工作；工作小组设在运维检修部，负责具体工作的开展。

4.1.1 网络安全和信息化领导小组

组　长：

副组长：

成　员：

领导小组承担本单位电力监控系统各项工作的领导职责。负责贯彻国家电力监控系统相关安全工作的法律、法规、方针、政策和有关强制性标准。落实公司电力监控系统安全管理的相关要求，审批和决策公司电力监控系统安全建设和实施过程中的重大事项，对公司电力监控系统安全重大事项进行决策和协调工作。

4.1.2 网络安全和信息化办公室

领导小组下设网络安全和信息化办公室，办公室设在运维检修部。

主　任：

副主任：

成　员：

电力监控系统安全工作办公室归口负责公司的电力监控系统安全日常管理工作。主要职责是：

（1）贯彻落实国家、集团公司电力行业信息系统安全防护相关标准和要求。

（2）落实公司范围内信息系统安全工作责任制。

（3）制定公司信息系统安全工作的总体方针及防护方案，并贯彻落实。

（4）落实公司信息系统等级保护制度、信息系统风险评估和安全检查等工作。

（5）建立公司信息系统应急体系，组织本单位信息安全突发事件的应急处理。

（6）对公司进行安全意识教育和培训工作，重点及敏感人员管控及外来人员的安全管理工作。

（7）上报公司信息系统事件，配合信息系统事件调查处理，事件调查处理。

系统管理员主要职责：全面负责系统的安全配置、账户管理、系统升级等，负责系统层面的日常运维。

网络管理员主要职责：确保整个网络结构的安全、网络设备（包含安全设备）的配置满足相关标准要求。

安全管理员主要职责：负责日常操作系统、网管系统、邮件系统等安全性的防护工作，定期开展安全补丁、漏洞检测及修补、病毒防治等工作。

4.2 规章制度

按照"谁主管谁负责，谁运营谁负责"的原则制订《××有限公司电力监控系统信息安全管理规定》，其中明确说明机构安全工作的总体目标、范围、原则和安全框架等，并将电力二次系统安全防护及其信息报送纳入日常安全生产管理体系。××电站对于安全管理制度、安全管理机构、人员安全管理、系统建设管理和系统运维管理5个方面具体制定相应的制度。如对于外来人员来访，制定《××有限公司电力监控系统外来人员管理规定》；对于物理机房安全，制定《××有限公司电力监控系统机房消防管理规定》《××有限公司电力监控系统机房安全管理规定》《××有限公司监控系统机房管理规定》《××有限公司电力监控系统机房门禁系统管理规定》；对于信息安全，制定《××有限公司电力监控系统用户账号权限管理规定》《××有限公司电力监控系统安全移动存储介质管理规定》《××有限公司电力监控系统信息安全管理规定》《××有限公司电力监控系统预防恶意代码管理规定》以及《××有限公司电力监控系统备份系统管理规定》。对于在紧急情况下处理突发事件时，制定《××有限公司网络信息系统突发事件专项应急预案》《××有限公司调度通信中断现场处置方案》《××有限公司办公网络信息系统瘫痪现场处置方案》等一系列全面的应急预案。

5 技术措施

5.1 基本原则

5.1.1 安全分区

按照《电力监控系统安全防护规定》，将水电厂基于计算机及网络技术的业务系统划分为生产控制大区和管理信息大区，并根据业务系统的重要性和对一次系统的影响程度将生产控制大区划分为控制区（安全区Ⅰ）及非控制区（安全区Ⅱ），重点保护生产控制以及直接影响电力生产（机组运行）的系统。

5.1.2　网络专用

电力调度数据网是与生产控制大区相连接的专用网络，承载电力实时控制等业务。电站端的电力调度数据网应当在专用通道上使用独立的网络设备组网，在物理层面上实现与电力企业其他数据网及外部公共信息网的安全隔离。发电厂端的电力调度数据网应当划分为逻辑隔离的实时子网和非实时子网，分别连接控制区和非控制区。

5.1.3　横向隔离

横向隔离是电力监控系统安全防护体系的横向防线。应当采用不同强度的安全设备隔离各安全区，在生产控制大区与管理信息大区之间必须部署经国家指定部门检测认证的电力专用横向单向安全隔离装置，隔离强度应当接近或达到物理隔离。生产控制大区内部的安全区之间应当采用具有访问控制功能的网络设备、安全可靠的硬件防火墙或者相当功能的设施，实现逻辑隔离。防火墙的功能、性能、电磁兼容性必须经过国家相关部门的认证和测试。

5.1.4　纵向认证

纵向加密认证是电力监控系统安全防护体系的纵向防线。发电厂生产控制大区与调度数据网的纵向连接处应当设置经过国家指定部门检测认证的电力专用纵向加密认证装置，实现双向身份认证、数据加密和访问控制。

5.1.5　综合防护

综合防护是结合国家及电力行业信息安全等级保护工作的相关要求对电力监控系统从主机、网络设备、恶意代码防范、应用安全控制、审计、备份及容灾等多个层面进行信息安全防护的过程。

5.2　安全区的划分

安全分区是电力监控系统安全防护体系的结构基础。将××电站内部基于计算机和网络技术的应用系统，划分为生产控制大区和管理信息大区，生产控制大区又分为控制区（Ⅰ区）和非控制区（Ⅱ区）。安全区的设置应避免通过广域网形成不同安全区的纵向交叉连接。

5.2.1　控制区（安全区Ⅰ）

控制区中的业务系统或其功能模块（子系统）的典型特征为：是电力生产的重要环节，直接实现对电力一次系统的实时监控，纵向使用或专用通道，是安全防护的重点与核心。主要包括以下业务系统和功能模块：水电集中监控系统、水调自动化系统等。

5.2.2　非控制区（安全区Ⅱ）

××电站的非控制区主要包括以下业务系统和功能模块：电能量采集装置、500kV保信子站保护管理机、华东网调操作票管理系统、生产实时系统和机组在线监测系统等。

5.2.3　管理信息大区

××电站的管理信息大区主要包括以下业务系统和功能模块：生产管理信息系统（MIS系统）、水工监测系统、门禁系统和工业电视系统等。

管理信息大区的业务主要运行在国网公司电力企业数据网，需严格执行国网公司管理信息系统"双网双机、分区分域、安全接入、动态感知、全面防护"防护总体策略。

5.3 边界安全防护

5.3.1 生产控制大区和管理信息大区边界安全防护

××电站在生产控制大区与管理信息大区之间部署正向隔离装置×台，采用××有限公司的××（型号）千兆正向隔离装置和××技术有限公司的××（型号）。实现生产控制大区生产数据及机组装置数据向信息大区的单向数据传输。

5.3.2 安全区Ⅰ与安全区Ⅱ边界安全防护

××电站在安全区Ⅰ与安全区Ⅱ之间部署了电力专用横向单向安全隔离装置××（型号）和防恶意代码装置××（型号）。

单向安全隔离装置××（型号）实现了Ⅰ区与Ⅱ区生产实时数据的单向传输。

防恶意代码装置××（型号）的安全策略采用白名单的方式，除放行正常的业务通信外，其他非正常通信及恶意代码行为均无法通过，保证数据正常通信。

5.3.3 系统间安全防护

××电站同属于安全区Ⅰ的各系统之间，如计算机监控系统和10kV厂用电保护，通过计算机监控系统现地控制单元交换机和保护通信管理机相互通信，通过绑定现地控制单元交换机所接设备IP地址及MAC地址防止非法接入。

5.3.4 纵向边界防护

××电站调度数据网与生产控制大区控制区纵向边界之间部署经公安部认证的加密装置，通过建立加密隧道，实现网络层双向身份认证、数据加密和访问控制。采用××有限公司的××（型号）纵向加密认证装置。用于本地控制区与远端控制区相关业务系统或业务模块之间网络数据通信的身份认证、访问控制与传输数据的加密与解密，保障系统链接的合法性和数据传输的机密性及完整性。

××电站调度数据网与生产控制大区非控制区纵向边界之间部署经公安部认证的加密装置，通过建立加密隧道，实现网络层双向身份认证、数据加密和访问控制。采用××有限公司的××（型号）纵向加密认证装置，用于本地非控制区与远端非控制区相关业务系统或业务模块之间网络数据通信的访问控制。

调度数据网相关的交换机、路由器、纵向加密认证装置原则上由对应的调度部门进行端口配置、策略配置、数据备份等运维管理工作。电站负责供电保障、巡视检查、信息报送等工作。

5.3.5 横向隔离

按照相关要求生产控制大区与管理信息大区之间部署接近于物理隔离强度的正向隔离装置×台，采用××有限公司的××（型号）千兆正向隔离装置和××有限公司××（型号）。

按要求生产控制大区Ⅰ区采集接口机与安全隔离Ⅱ区接口机之间部署×台正向隔离装置××（型号）和×台防恶意代码装置××（型号）。

Ⅰ区与Ⅱ区之间通过IP、端口、MAC地址绑定进行数据单向传输，Ⅱ区无法进行与Ⅰ区的数据回传，Ⅱ区Ⅲ区采用相同方式进行单向隔离。

5.3.6 管理信息大区与外部网络之间边界防护

管理信息大区信息内网与外部网络之间边界防护遵循国网公司"双网双机"的物理隔离防护要求，严禁出现"非法外联、一机两用"的现象，严禁通过电话拨号、无线等方式与信息外网和互联网连接。

信息外网与互联网连接链路部署一系列安全设备。包括：××（型号），对员工的上网行为进行审计及限制，防御病毒、木马及网络常见攻击。

5.3.7 第三方边界安全防护

××电站生产控制大区中的业务系统未与政府部门进行数据传输，因此无需部署第三方边界防护。

禁止设备生产厂商或其他外部企业（单位）远程连接××电站生产控制大区中的业务系统及设备。

5.4 综合安全防护

5.4.1 入侵检测

××电站生产控制大区核心交换机部署一套入侵检测系统××（型号），用以监测核心节点异常业务流量。

配置策略包括防溢出攻击拒绝服务攻击、木马、蠕虫、系统漏洞、扫描探测等网络攻击行为，保证内部网络的安全运行。定期升级特征数据库，检测流经网络边界正常信息流中的入侵行为，分析潜在威胁并进行安全审计。

××电站管理信息大区边界部署一套入侵检测系统××（型号），用以监测核心节点异常业务流量。

配置策略包括 Web 攻击、MY-SQL 数据库、后门、蠕虫病毒、扫描探测、间谍软件及常见的网络攻击等进行检测并生产报表，定期对报表进行分析，分析网络潜在风险，帮助网络优化与加固。

5.4.2 主机设备加固

监控系统主服务器以及网络边界处的通信网关机、Web 服务器等，完成操作系统安全加固工作。加固方式包括：安全配置、关键安全补丁、采用专用软件强化操作系统访问控制能力以及配置安全的应用程序，其中配置的更改和补丁的安装经过测试，电力监控系统所涉及的网络设备与安全设备应当进行账号权限、口令策略、访问控制、设备功能精简等方面的安全加固工作。

生产控制大区中除安全接入区外，禁止选用具有无线通信功能的设备。管理信息大区业务系统使用无线网络传输业务信息时，应当具备接入认证、加密等安全机制。

对生产控制区中的服务器等设备要实施严格的网络安全管理，定期开展安全评估和主机加固工作，对操作系统应用软件等进行梳理，关闭不必要的端口。

生产大区主机及服务器安装工控主机卫士软件，对系统主机可执行文件生成白名单模板，不在白名单模板的可执行文件、程序无法运行，系统即使感染病毒文件也无法运行和扩散；同时对 U 盘的使用进行管控，从技术手段禁止普通 U 盘使用。

信息大区的主机及服务器安装瑞星防病毒软件，定期离线更新病毒库，操作系统定期更新补丁程序。

采取下列加固措施：

（1）实现对 CPU、内存、硬盘、网络状态的监视和控制。

（2）设定用户有效期、密码策略。

（3）账户进行尝试登录次数限制，超过 5 次不予登陆。

（4）文件的访问权限扩展为读、写、执行、删除、改模式、改属主等多种，对目录的访问权限扩展为进入、搜索和删除。还可以通过角色控制，对主体客体的标记来设置不同权限，来实现对文件的细致化的管理控制。

（5）对注册表项设定访问规则。

（6）对系统程序进行授权，没有经过授权的程序将无法运行，达到对非法程序进行访问控制。

（7）能够限制超级用户的权限，各级用户的权限分离，实现最小权限。

（8）对外部存储器、打印机等外设的使用进行技术 + 管理制度进行管理。

5.4.3 应用安全控制

××电站调度数据网边界部署的 × 台加密认证装置 ××（型号）均取得调度数字证书，可以对用户登录、访问系统资源等操作进行身份认证，可以根据身份与权限进行访问控制，并且对操作行为进行安全审计。

××电站生产控制大区内部无远程访问业务需求，公司严禁远程访问进行技术支持。

5.4.4 安全审计

××电站监控系统具备安全审计功能，能够对操作系统、数据库、业务应用的重要操作进行记录、分析，以便及时发现各种违规行为以及病毒和黑客的攻击行为。

××电站生产控制大区核心交换机和管理信息大区边界部署两套审计设备 ××（型号），审计设备记录存储原始网络流量数据包，解决出现网络问题后溯源问题，提供分析依据，增强安全审计功能。

5.4.5 专用安全产品的管理

安全防护工作中涉及使用横向单向安全隔离装置、纵向加密认证装置、防火墙、入侵检测系统等专用安全产品的，按照国家有关要求做好保密工作，禁止关键技术和设备的扩散。

5.4.6 备用与容灾

定期对关键业务的数据进行备份，并实现历史归档数据的异地保存。关键主机设备、网络设备或关键部件进行相应的冗余配置。控制区的业务系统（应用）采用冗余方式。如：历史服务器每天自动备份数据，每年进行历史数据的备份，数据硬盘归档到档案室。

DCS 组态及逻辑每周进行备份，导出的组态及逻辑保存到当前备份的上位机中，每年进行 DCS 组态及逻辑的统一备份，数据硬盘归档到档案室。

5.4.7 恶意代码防范

生产控制大区内 Windows 操作系统安装了杀毒软件和工控主机卫士软件，杀毒软件定期手动更新特征库，并查看查杀记录。更新文件的安装经过安全测试。工控主机卫士对系统可执行文件生成白名单模板，不在白名单模板的可执行文件、程序无法运行，进一步保证主机的安全。

管理信息大区 Windows 系统的设备全部安装瑞星防病毒软件，定期离线更新病毒库，定期进行查杀。操作系统由专人定期进行补丁更新。

5.4.8 设备选型及漏洞整改

电力监控系统在设备选型及配置时，应当禁止选用经国家相关管理部门检测认定并经国家能源局通报存在漏洞和风险的系统及设备；对于已经投入运行的系统及设备，应当按照国家能源局及其派出机构的要求及时进行整改，同时应当加强相关系统及设备的运行管理和安全防护。

生产控制大区中除安全接入区外，应当禁止选用具有无线通信功能的设备。

5.4.9 物理安全防护

电力监控系统机房所处建筑采用有效防水、防潮、防火、防静电、防雷击、防盗窃、防破坏措施，配置电子门禁系统以加强物理访问控制，必要时安排专人值守，对关键区域实施电磁屏蔽。

信息各机房安装甲级钢制防火门，配备中控 INBIO 总线型门禁控制器，支持指纹、人脸识别、密码、门禁卡多因子身份认证；机房地面进行防水处理，铺设防静电地板，安装 GDF–LS 机房进水检测系统，包括浸水适配器和声光报警器，遇浸水事件声光报警并记录日志；机房内部安装红外设备和 ××（型号）视频监控系统，7×24h 进行视频记录，有人员进入时自动识别并记录人员进入时间、地点、停留时长信息等；机房内安装 ××（型号）和 ××（型号）机房温湿度控制系统，对温湿度进行监测及控制；配置 UPS 不间断电源，保障机房电力稳定供应。

视频监控信息、红外报警信息、漏水检测信息、温湿度信息等接入动环系统进行统一管理和审计；门禁系统独立进行管理和审计。

5.5 等级保护测评及安全加固工作

5.5.1 测评目的

为了落实信息安全等级保护要求，健全信息安全防护体系，统一信息安全防护标准和策略，按照电力监控系统不同安全等级，通过合理分配资源，规范电力监控系统安全建设与防护，对电力监控系统分等级实施全面保护，以提高电力监控系统安全的整体防护水平。

通过等级保护测评工作，全面、完整地了解智能电网调度技术支持系统调度管理现有安全状况，并测评其与《电力行业信息系统安全等级保护基本要求》对应级别的差距，达到以检查促安全的目的，实现重要电力监控系统的分等级保护与监管、信息安全事件分等级响应的目的，并协助企业将智能电网调度技术支持系统调度管理的安全保护落实到点，实现电力监控系统的完整性、保密性和可用性。

5.5.2 测评内容

等级保护测评是从总体安全、物理安全、主机安全、网络安全、数据安全、应用安全、管理安全 7 个方面出发进行测评，测评范围包括管理制度、机房环境、服务器以及网络设备等。服务器主要包括Windows与Linux操作系统，网络设备包含交换机、防火墙、隔离设备，将它们的问题记录并制作成表格，在会议中讨论问题严重性和加固与否。

5.5.3　加固目的

电力行业作为国家重要基础行业之一，一直高度重视信息安全工作，为全面落实电力监控系统安全防护工作，公司计划针对电力监控系统进行全面加固工作。安全加固是指通过一定的技术手段，提高网络、主机以及业务系统的安全性和抗攻击能力，它是保障电力系统信息安全的关键环节。通过安全加固，可以将整个信息系统的安全状况提升到一个较高的水平，尽可能地消除或降低信息系统的安全风险。

5.5.4　加固内容

安全加固主要从网络、主机、应用等方面进行加固，具体内容包括：

（1）账号、口令策略调整及用户权限划分。

（2）远程访问方式加固。

（3）网络与服务加固。

（4）文件系统权限增强。

（5）内核安全参数调整。

（6）关键主机服务器访问策略增强。

通过加固需要达到以下目标：

最少服务：电力监控系统应当仅运行支持业务应用所切实必需的服务和协议。

最小授权：电力监控系统的每个主体（用户或进程）应只具有完成业务操作所必需的权限。

适度审计：审计事件的详细级别应在非足够详细信息（使管理员难于理解选定的信息）和足够详细信息（导致过多的信息收集、过多占用系统资源）间维持平衡。

6　安全管理

6.1　安全分级负责制

公司按照"谁主管谁负责，谁运营谁负责"的原则，成立网络安全和信息化领导小组和网络安全和信息化办公室，建立电力监控系统安全管理制度，将电力监控系统安全防护及其信息报送纳入日常安全生产管理体系。

6.2　设备和应用系统的接入管理

接入监控系统网络的节点、设备和应用系统，其接入技术方案和安全防护措施须经××抽水蓄能有限公司审核批准，并报上级调度机构备案。

生产控制大区的各业务系统禁止以各种方式与互联网连接；关闭或拆除主机的软盘驱动、光盘驱动、USB接口、串行口等，确需保留的必须通过安全管理措施实施严格监控。

6.3　日常安全管理制度

在机房方面，制定《××有限公司电力监控系统机房消防管理规定》《××有限公司电力监控系统机房安全管理规定》《××有限公司监控系统机房管理规定》；在门禁管理方面，制定《××有限公司电力监控系统机房门禁系统管理规定》；在人员管理方面，制定《××有限公司电力监控系统外来人员管理规定》；在权限管理方面，制定《××有限公司电力监控系统用户账号权限管理规定》；在访问控制方面，制定《××有限公司电力监控系统网络信息安全设备管理规定》《××有限公司电力监控系统信息安全管理规定》；在移动介质管理方面，制定《××有限公司电力监控系统用户账号权限管理规定》《××有限公司电力监控系统安全移动存储介质管理规定》；在恶意代码的防护管理方面，制定《××有限公司电力监控系统预防恶意代码管理规定》；在审计管理方面，制定《××有限公司电力监控系统安全审计管理规定》；在数据及系统的备份管理方面，制定《××有限公司电力监控系统备份系统管理规定》；在培训管理方面，制定《××有限公司电力监控系统安全防护教育培训管理规定》。

6.4 联合防护和应急处理

根据国网公司关于在突发情况下处理应急各类事件的要求，在各方面制定相应的应急预案。在信息安全方面，制定《××有限公司泄密事件专项应急预案》《××有限公司档案资料泄密现场处置方案》《××有限公司计算机网络系统泄密现场处置方案》以及《××有限公司移动存储设备泄密现场处置方案》；在监控调度方面，制定《××有限公司网络信息系统突发事件专项应急预案》《××有限公司监控系统瘫痪现场处置方案》；在通信方面，制定《××有限公司办公网络信息系统瘫痪现场处置方案》《××有限公司通信系统事故专项应急预案》《××有限公司电站对外通信全部中断现场处置方案》；在消防方面，制定《××有限公司机房消防应急处置演练方案》。应严格遵守电力监控系统应急预案和处置方案并严格执行，并定期紧急情况应急处理演练。

附件 1 辅助系统现地控制器设备清单

序号	所属工控系统	PLC型号	PLC数量	CPU型号及版本号	厂商名称	是否存在漏洞（是/否）	是否完成整改（完成/未完成）	备注
1								
2								

附件 2 调度数据网接入安全防护方案配置清单

××调度数据网柜	型号	厂家	数量	所属大区	投运年份
××调度数据网柜	型号	厂家	数量	所属大区	投运年份
综合调度网柜	型号	厂家	数量	所属大区	投运年份

附件 3 调度数据网及电力监控系统安防设备接入申请单

调度数据网及电力监控系统安防设备接入申请单

申请人		所属单位	
申请时间		工程实施时间	
接入设备所属安全区	□一平面Ⅰ区 □一平面Ⅱ区 □二平面Ⅰ区 □二平面Ⅱ区 □Ⅲ区		
接入设备类型	□路由器 □交换机 □加密装置 □防火墙		
设备厂家及型号	路由器	型号：	数量：
	交换机	型号：	数量：
	加密装置	型号：	数量：
	防火墙	型号：	数量：
工程实施单位			
施工单位相关资质			

续表

设备调试人员及联系方式、身份证号	路由器	姓名及身份证号： 联系方式：
	交换机	姓名及身份证号： 联系方式：
	加密装置	姓名及身份证号： 联系方式：
	防火墙	姓名及身份证号： 联系方式：
施工单位负责人签字： （加盖单位公章有效）		申请单位领导签字： （加盖单位公章有效）
备注		

附录三　规章制度管理标准

1　范围

本标准适用于我公司的规章制度管理工作。

2　规范性引用文件

下列文件中的条款通过本标准的引用而成为本标准的条款。凡是注日期的引用文件，其随后所有的修改单（不包括勘误的内容）或修订版均不适用于本标准。然而，鼓励根据本标准达成协议的各方研究是否可使用这些文件的最新版本。凡是不注日期的引用文件，其最新版本适用于本标准。

GB/T 1.1—2009　标准化工作导则　第 1 部分：标准的结构和编写规则

GB/T 13017—2008　企业标准体系表编制指南

DL/T 485—1999　电力企业标准体系表编制导则

DL/T 800—2001　电力企业标准编制规则

Q/122-SBSC—2012　质量 / 环境 / 职业健康安全管理手册

3　术语和定义

3.1　规程

标准的一种形式。它是对工艺、操作、安装、检定、安全、管理等具体操作技术要求和实施程序所做的统一规定，是指导职工进行生产技术活动的规范和准则。

3.2　规定

处理某种事项所制订的办法。

3.3　规则

对某一事项制订的规定

3.4　条例

国家机关制订批准的，规定国家政治、经济、文化等领域的某些事项或者规定某一机关的组织、职权等项的法律文件。

3.5　制度

要求职工共同遵守的按一定程序办事的规程。

3.6　办法

对某些具体事务、单一事项进行处理，加以解决所规定的方法。

3.7　标准

对生产、经营、行政等方面重复性的事物和概念所做的统一规定。

3.8　程序

为进行某项活动或过程所规定的途径。

3.9　章程

政党、团体对本组织的性质、宗旨等内部事务和活动规则做出的明文规定。

3.10 规章制度

国家机关、社会团体、企业、学校等对行政管理、生产操作、学习和生活等方面制订的各种规则、章程和制度的总称。

4 管理职能

4.1 职能与分工

4.1.1 公司标准化委员会是公司规章制度的领导机构。

4.1.2 计划经营部是公司规章制度的综合管理部门。

4.1.3 有关职能部门是本专业规章制度的具体归口管理部门。

4.2 责任

4.2.1 标准化委员会负责公司规章制度建设的决策和组织协调、审批等领导工作。

4.2.2 计划经营部负责全公司各种规章制度的建立与实施。

4.2.3 有关职能部门负责本专业各种规章制度的建立与实施。

4.3 权限

4.3.1 标准化委员会

4.3.1.1 审议决策本公司规章制度方针、政策和规划、计划。

4.3.1.2 审议本公司重要规章制度的提出、批准、发布。

4.3.2 计划经营部

4.3.2.1 有权组织有关部门建立健全全公司各种规章制度，并编号登记。

4.3.2.2 有权协调各种规章制度之间的相互衔接关系。

4.3.2.3 有权制止不符合标准的规章制度发布。

4.3.3 各职能部门

4.3.3.1 有权监督所属部门及职工规章制度的贯彻执行情况。

4.3.3.2 有权草拟颁发或废止有关作废规章制度的文件。

5 管理内容与要求

5.1 策划

5.1.1 计划经营部根据企业发展状况，编制各种规章制度定期梳理和制定修订计划。

5.1.2 各职能部室根据本专业情况编制本专业规章制度制订或修编计划。

5.2 定期工作

5.2.1 现场规程制度应在每年 9~10 月份，根据年内实际执行情况，由调度部、生技部、安监部

及各公司组织全面审查一次，并做出必要的修改补充意见，经批准后执行。每 3 年进行一次复审，视情况分别予以确认、修编或废止。

5.2.2 管理制度（包括规定、办法等）各职能部门每年 2~3 月份进行一次审查，每年进行一次梳理，分别予以确认、修订或废止。对不适应的制度内容应及时修改和补充。

5.3 质量标准

5.3.1 各规章制度的制订或修订必须符合国家的法律、法规、政策及专业技术标准

要求，并且符合本公司的实际。

5.3.2 各种办法、规定原则都要修订编入企业标准中（管理标准、工作标准、技术标准）。

5.4 工作程序

5.4.1 各规章制度的制订或修订

5.4.1.1 各职能部门根据生产、经营、管理、服务的需要，制订或修订的制度由归口管理部门负责提出并编制，报计划经营部备案。

5.4.2 各规章制度的审批与颁布

5.4.2.1 生产规程制度的审批与颁布

a）由制订或修编部门写出初稿，交归口管理部门（安监部、生技部、调度部）审核。

b）由分管副总工负责审定，分管副总经理批准后颁布执行。

5.4.2.2 其他管理制度的审批与颁布

a）管理制度经职能部门制（修）订起草后，组织有关部门会审，分管副总经理 / 副总经理审定，总经理批准后颁布执行；

b）一般专业性的管理制度，可由有关职能部门进行审核，副总经理审定，由分管副总经理批准后颁布执行；

c）政策性较强的管理制度，可召集有关专业会议进行讨论审核，由分管副总经理审定，总经理批准后颁布执行。

5.4.2.3 规章制度的发放

a）所有规章制度的发放，按照《文件管理标准》执行；

b）人员调离本公司时，应及时收回所有的规章制度，外单位索取规章制度时，按有关规定办理。

5.4.2.4 管理制度的贯彻执行

a）规章制度一经颁布，即为本公司的技术法规和管理法规，全公司职工必须执行，不得违反；

b）当在执行中遇到问题与上级规定有冲突时，以上级为准，并对本公司规定作必要的修改和补充。

6 检查与考核

6.1 规章制度编制及贯彻实施情况。

6.2 有无不执行和违反有关规章制度的方针、政策、法律、法规等情况。

6.3 对于不按章办事的单位、个人，将按绩效管理考核办法、细则和有关规定考核。

附件 制度修订审批单

制度修订审批单

修订部门		修订人		修订时间	
制度名称					

修订内容简介：

部门负责人意见：

签字：　　　年　　月　　日

公司主管领导意见：

签字：　　　年　　月　　日

备注：

附录四　关于成立电力监控系统安全防护组织机构的通知

公司各部门：

为进一步贯彻落实国家信息安全等级保护制度，促进电力信息系统尤其是电力监控系统的管理、运维以及外包服务等工作落到实处，切实提高公司保障信息系统安全和处置信息系统突发事件的能力，有效做好相关应急处理工作，最大限度地预防和减少信息网络安全事件发生。着力保证系统连续安全稳定运行，免受对系统未授权的修改和破坏，避免因系统不可用所引起的业务中断。根据"安全分区、网络专用、横向隔离、纵向认证"的总体安全防护策略和公司电力监控系统安全防护方案的相关要求，现成立电力监控系统安全防护组织机构：

一、网络安全和信息化领导小组

组　长：

副组长：

成　员：

领导小组承担本单位电力监控系统各项工作的领导职责。负责贯彻国家电力监控系统相关安全工作的法律、法规、方针、政策和有关强制性标准。落实公司电力监控系统安全管理的相关要求，审批和决策公司电力监控系统安全建设和实施过程中的重大事项，对公司电力监控系统安全重大事项进行决策和协调工作。

二、网络安全和信息化办公室

领导小组下设网络安全和信息化办公室，办公室设在运维检修部。

主　任：

副主任：

成　员：

电力监控系统安全工作办公室归口负责公司的电力监控系统安全日常管理工作。主要职责：

（1）贯彻落实国家、集团公司电力行业信息系统安全防护相关标准和要求。

（2）落实公司范围内信息系统安全工作责任制。

（3）制定公司信息系统安全工作的总体方针及防护方案，并贯彻落实。

（4）落实公司信息系统等级保护制度、信息系统风险评估和安全检查等工作。

（5）建立公司信息系统应急体系，组织本单位信息安全突发事件的应急处理。

（6）对公司进行安全意识教育和培训工作，重点及敏感人员管控及外来人员的安全管理工作。

（7）上报公司信息系统事件，配合信息系统事件处理，事件调查处理。

专职系统管理员主要职责：全面负责系统的安全配置、账户管理、系统升级等，负责系统层面的日常运维。

专职网络管理员主要职责：确保整个网络结构的安全、网络设备（包含安全设备）的配置满足相关标准要求。

专职安全管理员主要职责：负责日常操作系统、网管系统、邮件系统等安全性防护工作，定期开展安全补丁、漏洞检测及修补、病毒防治等工作。

附录五   外来人员管理规定

第一章 总   则

第一条   为加强对外来人员的日常管理，维护电厂正常的工作秩序，制定本规定。

第二条   本规定所称的电厂外来人员，分为维修人员、检查人员、厂家系统维护人员。

第三条   本规定规范了外来人员的基本要求、安全管理要求。

第四条   本规范适用于公司及下属单位。

第二章   通用管理要求

第五条   公司外来人员管理应坚持"谁主管、谁负责，谁组织、谁负责"的原则，做到制度健全、职责清晰、管理规范、监督有力、风险可控。

第六条   外来人员应凭有效证件办理相关手续和"临时出入证"、工作证（门禁卡）等证件。施工人员和厂家系统运维人员，如果连续工作时间超过一天，责任部门、班组应事先提出申请，经运维检修部批转后方可实施，并在运维检修部信息专工处办理等级备案手续。

第七条   外来人员在公司工作期间，必须佩戴"临时出入证"、工作证（门禁卡），且不得转借他人。

第八条   外来人员工作期间自觉遵守公司相关的规整制度，服从调控机构的工作安排。

第九条   借用人员应自觉遵守劳动纪律，不迟到、不早退、不旷工，做到爱岗、敬业、知责、尽责。

第三章   安全管理要求

第十条   对维修人员，责任班组应及时联系运维检修部信息专工处，对其进行通用工作规则教育，责任班组负责培训本专业的工作流程、相关的专业知识。对施工人员和厂家系统运维人员，由责任班组负责相关安全培训。

第十一条   涉及运行系统、机房、监控值班场所、监控核心业务等对电力监控系统运行可能产生安全影响的工作，责任班组在工作前，必须对外来人员进行全面的安全、技术交底，安全交底应有完成的交底资料和交底记录，并进行双方交底人员签字，同时安全专业人员对工作进行全程监护。

第十二条   如所从事工作属于业务外包施工性质，应严格按照公司业务外包有关管理规定要求，对承包单位执行资质审查、发包管理等流程，与外包施工队伍签订安全协议、廉政协议。

第十三条   施工工程开工前，施工方应制定"三措一案"（即重要工程施工中的保证安全生产的组织措施、技术措施、安全措施和施工方案），并履行公司开工许可。

第十四条   对公司内的基础施工、动火工程等，应按照不同施工类别办理相应的申请批准手续，落实安全措施。

第十五条 电力监控系统内的工作必须执行工作票制度。外来作业人员不得担任工作负责人，只可作为工作班成员填入工作票。

第十六条 电力监控系统内的工作，开工前责任处室（班组）必须严格执行系统运维相关管理规定，按照最小化原则做好系统权限的设置，工作结束后应将权限及时收回。

第十七条 外来人员在机房内工作，应严格遵守机房管理规定，自觉服从工作负责人（监护人）的管理和监督，禁止从事超出工作票、施工方案内容以外的操作，禁止在监护人监护范围以外从事任何操作行为。

第十八条 工作期间，责任处室（班组）应加强监护，对核心业务工作、技术支持系统工作、重大施工等对电力监控系统运行产生安全影响的工作，领导干部和管理人员应严格按照到岗到位的要求，深入工作现场，加强安全工作监督管理。

第十九条 外来人员在工作期间应自觉遵守有关保密管理规定，外来人员所属单位或其本人应签订相关保密协议，承担有关工作的保密责任。

第二十条 厂家维护人员禁止将携带的笔记本、移动存储介质等移动设备接入内网，调试设备统一由电厂提供。

第四章 督察考核

第二十一条 公司不定期开展外来人员工作日常督察，纠正违章行为，提出考核意见，并通报相关单位。

第二十二条 按照"谁使用，谁负责"的原则，公司外来人员一律纳入所在处室（班组）绩效考核范围。各处室（班组）日常工作中应加强对外来人员的管理与监督，凡因外来人员认为责任造成的工作失误，视产生后果和对公司的影响程度，严格依照绩效考核和奖惩规定对责任处室（班组）进行责任考核处理。对借用人员，在公司进行内部通报，并由人员所在部门（单位）进行考核处理；对施工人员、系统运维人员，向所在单位进行通报，视情节轻重，要求更换人员、取消其到公司施工、运行维护的资格。

第五章 附　则

第二十三条 本办法自发布之日起施行。

附录六　安全防护教育培训管理规定

第一章　总　　则

第一条　本规定明确了电力监控系统专职安全防护教育培训职责、培训工作基本原则、培训内容、培训体系及实施、培训考核机制。

第二条　本规定适用于公司电力监控系统专职安全防护教育管理。

第二章　职　责　划　分

第三条　运维检修部职责：

（1）在电力监控系统安全防护领导小组的领导下，对全公司职工进行安全防护教育工作。

（2）加强安全防护教育管理，强化安全防护教育意识。

（3）协助安全员负责对全公司职工进行安全防护知识、电力监控系统用户行为规范的考试考核。

（4）编制安全防护教育培训计划，并纳入公司职工年度安全教育培训计划。

（5）负责组织对新进职工安全防护知识、信息系统用户行为规范的教育。

（6）加强对职工安全防护教育工作、职工安全防护知识的考核力度。

第三章　培训工作基本原则

第四条　全员性：培训的目的在于提高职工的安防意识与技能，所有参培人员都应充分认识培训工作的重要性，积极参加培训、不断学习进步。

第五条　针对性：培训要有目的，主要针对电力监控系统的安全防护。

第六条　计划性：培训工作要根据培训需求制定培训计划，并按计划严格执行。

第七条　全面性：培训内容要把基础理论培训、素质技能培训结合起来，培训方式上把讲授、讨论、参观、观摩等多种方式综合运用。

第八条　跟踪性：培训结束后要对培训内容进行考核，考核要有结果与奖惩，要定期、及时检验、评估培训效果。

第四章　培　训　内　容

第九条　安全防护培训应包括以下内容：基本信息安全技术教育、安全防护设备的基本知识和注意事项、安全防护系统用户行为规范、防病毒安全知识、操作系统打补丁安全知识、各项安全防护规章制度。

第五章　培训体系及实施

第十条　定期举办宜兴公司全体职工电力监控系统安全防护知识培训，培养和提高系统人员的系统安全意识，提升电力监控系统安全防护技能。

第十一条　组织系统运维人员定期学习安防文件，深入学习各项安全防护规章制度的具体内容。

第十二条　每年 12 月份，结合日常工作及电力调度自动化系统中新设备、新技术的应用，提出培训需求，制定切合实际的下一年度培训计划并上报公司，经公司批准后执行。

第十三条　建立职工培训档案，对员工参加的所有培训项目和成绩，包括岗前培训、转岗培训、单项技能培训、专项技能培训、日常培训、管理培训和其他培训等记录存档，作为员工绩效考核的重要依据。

第六章　培训考核机制

第十四条　所有培训都要在培训结束后进行严格的考核、跟踪，掌握参训情况，评估培训效果，促进参训人员行为改善，并与其绩效考核有机结合起来。

第十五条　对培训效果进行检测，每年对职工进行系统安全防护综合能力测试。

第十六条　考核可采取笔试、口试、书写心得体会、实际操作技能、沟通面谈等多种方式进行，培训考核部门要负责试题的保密性，禁止在考核工作中营私舞弊。

第七章　附　　则

第十七条　本办法自发布之日起施行。

附录七 系统运行值班管理办法

第一章 总 则

第一条 为加强监控系统的运维管理，保证值班期间各系统的安全、稳定运行，制定本办法。

第二条 本办法所指的值班包括日常值班和节假日值班。值班时间为正常上班时间。

第三条 本办法适用于公司本部及下属单位。

第二章 值 班 要 求

第四条 值班员要遵守值班纪律，坚守岗位，不迟到、不早退，不得缺岗、脱岗。

第五条 保持值班环境卫生。

第六条 值班员应严格按照值班表值班，特殊情况需要调班者需报主管领导批准，并通知相关业务部门。

第七条 值班员对设备的操作应遵守有关的规范、规程。

第八条 各单位在法定长假（春节、十一等）期间，须安排人员值班，并于提前3天将值班安排报上级主管部门备案，同时在本单位办公系统公告。

第三章 值班员职责

第九条 运行值班员应按要求填写值班记录。

第十条 值班人员负责机房的安全管理工作，须熟悉消防器材的使用，负责外来人员的登记接待工作。

第十一条 值班员应每日两次对机房内包括主机、存储、网络、电源、空调等设备运行情况进行巡检，并做好记录。

第十二条 值班员在巡查过程中发现问题要及时按照相应规程或操作手册处理，不能解决的问题要通知相关专职人员，事故处理人员填写好事故记录单。

第十三条 值班员负责监控系统的运行情况，保证运行参数在合理范围内。

第四章 附 则

第十四条 本办法自发布之日起施行。

附录八　监控系统巡检管理办法

第一条　为加强监控系统运行管理，及时发现监控系统异常和缺陷，保证监控系统安全运行，制定本办法。

第二条　本办法适用于公司及其下属单位信息系统巡检管理工作。

第三条　巡视、检测过程中发现的设备故障应按照监控系统故障处理管理办法有关要求进行处理，故障无法处理或损坏的设备应及时予以更换。

第四条　监控系统巡检的对象包括各种服务器、网络设备、存储设备、安全设备、电源及空调设备等与监控系统安全稳定运行有关的所有设备以及安装于这些设备的各种软件。

第五条　监控系统巡检工作内容包括：设备的状态信息（如：指示灯是否正常、散热器是否正常、排风口是否有灰尘等）、设备的日志（如：网络设备运行日志、安全设备日志、服务器运行日志、数据库日志等，是否存在报警信息，异常信息等）。

第六条　监控系统巡检人员进行分类，运行人员定期对设备状态信息进行巡检；网络管理员、系统管理员、数据库管理员定期对设备日志进行巡检通过日常检查，以期及时发现已经出现的缺陷。

第七条　监控系统检测是指按照一定的周期，通过登录系统，或使用一定的仪器，对监控系统的软硬件运行情况进行深入的检查，达到及时发现潜在故障隐患的目的。

第八条　各单位核心设备、影响单位间监控系统运行条件的设备的巡视和检测项目及周期，由公司运检部统一管理；各单位一般设备的巡视和检测项目及周期，可以由各单位信息管理部门根据设备的用途、重要性自行制定，并报运检部批准备案。

第九条　每周期的巡视和检测任务必须落实到具体人员，各单位信息管理部门应当定期提前排定系统巡视及检测任务的值班表，当值人员出差、休假的，应当提前向本单位信息管理部门提出申请，信息管理部门批准后应当及时安排、通知替补人员，巡视、检测工作的相关责任相应转移。

第十条　每次系统巡视、检测应当填写相应的巡视记录、检测记录，相关记录由各单位信息管理部门统一存档。

第十一条　本办法自发布之日起施行。

附录九　信息运行数据报送管理办法

第一章　总　　则

第一条　为提高公司信息运行工作的管理水平，规范信息运行数据报送行为，特制定本办法。

第二条　公司信息运行数据报送实行分级报送，各水电厂向公司总部报送信息运行数据。

第三条　本办法主要规定各水电厂向公司总部的信息运行数据报送相关方面内容。

第四条　本办法适用于公司总部、各水电厂。

第二章　信息运行数据报送内容

第五条　各水电厂每月应该向公司总部报送下列信息：

（1）信息运行总体情况运行月报。

（2）信息运行月度运行分析报告。

（3）机房及辅助设施运行月报。

（4）主机及服务器运行月报。

（5）存储系统运行月报。

（6）数据库运行月报。

（7）备份系统运行月报。

（8）信息网络运行月报。

（9）信息安全运行月报。

（10）信息基础服务系统运行月报。

（11）信息终端运维运行月报。

（12）应用系统运行月报。

（13）公司本部要求报送的其他信息。

第六条　各水电厂每季度应该向公司总部报送下列信息：

（1）信息运行总体情况运行季报。

（2）信息运行季度运行分析报告。

（3）机房及辅助设施运行季报。

（4）主机及服务器运行季报。

（5）存储系统运行季报。

（6）数据库运行季报。

（7）备份系统运行季报。

（8）信息网络运行季报。

（9）信息安全运行季报。

（10）信息基础服务系统运行季报。

（11）信息终端运维运行季报。

（12）应用系统运行季报。

（13）公司本部要求报送的其他信息。

第七条 各水电厂每年应该向公司总部报送下列信息：

（1）信息运行总体情况运行年报。

（2）信息运行年度运行分析报告。

（3）机房及辅助设施运行年报。

（4）主机及服务器运行年报。

（5）存储系统运行年报。

（6）数据库运行年报。

（7）备份系统运行年报。

（8）信息网络运行年报。

（9）信息安全运行年报。

（10）信息基础服务系统运行年报。

（11）信息终端运维运行年报。

（12）应用系统运行年报。

（13）公司本部要求报送的其他信息。

第三章　信息运行数据报送程序

第八条 各水电厂向公司总部报送本单位的信息运行数据。

第九条 各水电厂运检部门为本单位负责信息运行数据报送的机构，同时需要指定具体负责信息运行数据报送的人员。各水电厂信息运行数据报送人员要按照规定的信息运行数据报送内容，做好上报信息的收集、整理、加工、编写及上报工作，确保上报信息真实、准确、及时。

第十条 各水电厂将本单位负责信息运行数据报送的人员报公司总部统一备案。

第十一条 各水电厂所报送的信息运行数据，应当经本单位运检部门领导审核批准，重要信息应当经本单位公司领导批准。

第四章　信息运行数据报送方式

第十二条 公司总部根据需要报送的信息运行数据的内容，确定具体的报送形式和期限。

第十三条 各水电厂通过电子邮件和公司发文的方式报送每月、每季度及每年需要报送的信息运行数据。

第十四条 各水电厂报送信息应当按照有关规定，填报有关报表、提交有关报告并提供有关材料。

第十五条 各水电厂报送信息应当符合下列期限要求：

（1）每月需报送的信息运行数据应当在下一月的第一个工作日下午 17：30 前报出。

（2）每季度需报送的信息运行数据应当在下一季度的第二个工作日中午 12：00 前报出。

（3）每年度需报送的信息运行数据应当在下一年的第二个工作日下午 17：30 前报出。

（4）其他紧急事件的相关材料应该随时报送。

第十六条 公司总部根据履行自身职能的需要，要求各水电厂即时报送有关信息的，各水电厂应当按照要求报送。

第十七条 各水电厂未能按照规定期限报送信息的，应当及时向公司总部报告，并在公司总部批准的期限内补报。

第五章 信息运行数据的使用

第十八条 公司总部审查各单位报送的信息运行数据，发现有违反公司信息运行相关管理制度的，应当责令其改正并按照有关规定做出处理。

第十九条 公司总部审查各单位报送的信息运行数据，发现在信息运行、规范管理和服务质量等方面存在问题的，应当对相关单位提出整改建议。

第二十条 公司总部整理、分析各单位报送的信息运行数据，及时提交相关领导。

第六章 信息运行数据报送监督管理

第二十一条 各水电厂应落实信息运行数据报送的管理制度，明确工作程序、职责分工和所承担责任。

第二十二条 各水电厂负责信息运行数据报送人员应当严格遵守保密纪律，保守在信息运行数据报送工作中所知悉的相关数据秘密。

第二十三条 公司总部定期通报各单位所报送的信息运行数据，对在信息运行数据报送工作中表现突出的单位和人员给予表彰。

第二十四条 公司总部负责监督各单位所报送的信息运行数据。对于未按照本办法及时报送信息的，由公司总部责令其改正；情节严重的，提请相关部门给予通报批评。

第二十五条 相关单位报送虚假的信息运行数据或者隐瞒重要的信息运行事实的，由公司总部责令其改正；拒不改正的，提请相关部门对直接责任人员和主管领导按照规定给予处分。

第七章 附　则

第二十六条 本办法自发布之日起施行。

附录十 监控系统故障处理与维护管理办法

第一章 总 则

第一条 为规范监控系统故障处理与健康维护工作，加强监控系统的运行管理，及时发现潜在的问题和缺陷，确保信息系统安全可靠运行，特制定本办法。

第二条 本办法明确了监控系统故障的分类、故障操作处理的程序、健康维护的对象。各级管理人员和运行维护人员在信息系统故障处理及健康维护过程中，均应严格遵守本办法。

第三条 本办法适用于公司的信息系统故障处理与健康维护工作。

第二章 定义及响应时间

第四条 监控系统的状态：

（1）服务状态：用户随时可以从信息网络得到所需服务的状态。

（2）停运状态：用户不能从信息网络得到所需服务的状态。

第五条 按停运性质分类，停运分为：

（1）故障停运：信息网络因故障等原因未能按规定程序提出申请，并在规定时间前得到批准并且通知用户的停运。

（2）正常停运：包括有正式计划安排的停运，包括检修停运、施工停运、用户申请停运。以及事先无正式计划安排，但在规定时间前得到批准并且通知用户的停运，包括检修临时停运、施工临时停运、用户临时申请停运。

第六条 监控系统故障定义及分类。

（1）监控系统故障：在没有预先安排的情况下，广（城）域网、本部本地网络以及网络服务出现的对用户提供服务的中断。

（2）故障的分类：

1）一级故障：指影响范围较大，影响时间较长，对于生产、经营、管理活动、社会形象等造成严重影响或造成严重经济损失的故障。

2）二级故障：指影响范围较大，影响时间较长，对于生产、经营、管理活动、社会形象等造成较大影响或造成较大经济损失的故障。

3）三级故障：指影响范围较大但影响时间较短，或者故障的影响范围较小但影响时间较长，对于生产、经营、管理活动造成一定影响或造成一定经济损失的故障。

4）异常：指故障的影响范围较小，影响时间较短，对于生产、经营、管理活动基本没有造成影响或造成经济损失的。

第七条 故障响应及处理时间见附表 10-1。

二级故障 24h 内不能修复，视作一级故障。三级故障和异常 36h 内不能修复，视作二级故障。

第八条 健康维护的对象包括各种服务器、网络设备、存储设备、安全设备、应用系统等与监控系统安全稳定运行有关的所有设备以及安装于这些设备的各种软件。

附表 10-1　故障响应及处理时间

故障类型	响应时间	处理时限
一级故障	30min	8h
二级故障	30min	12h
三级故障和异常	30min	24h

第九条　健康维护应包括但不限于以下工作：

（1）监控系统的可用性检查。

（2）监控系统的定期日志检查分析，包括硬件设备、操作系统及应用软件的日志。

（3）系统、数据库和应用的完整性检查。

（4）监控系统的性能调优，主要包括释放一些不能正确被释放掉的资源等。

（5）监控系统的风险评估。

第十条　各单位每周期的健康维护任务必须落实到具体人员，各单位信息管理部门应当定期提前制定健康维护计划和预案，按时实施健康维护，至少每月一次。如因故推迟，必须及时上报公司运检部批准并另行安排实施时间。

第三章　故障处理规范

第十一条　信息设备投入运行后，应指定设备责任人，具体负责信息设备在日常运行中相关系统日常维护及故障处理事务，其工作纳入本单位业务考核内容。

第十二条　各单位要成立紧急故障处理小组，编制事故应急处理预案，预案应定期演练，确保相关人员能够及时响应。

第十三条　监控系统故障即时报告。

（1）各单位发生安全事件时，应立即用电话、传真、电子邮件等方式按管理关系向隶属的单位报告。其中一级故障应在四小时内，二级故障应在 24h 内向公司总部信息安全管理部门报告。

（2）各单位发生有害信息传播、信息攻击事件时，除按以上规定报告外，应向当地县级以上人民政府信息安全主管部门报告。

（3）即时报告应包括内容：

1）事件发生的时间、地点、单位。

2）事件简述、损失初步情况。

3）事件发生原因的初步判断。

第十四条　各单位在发现或接到故障报告后，应及时派人了解情况，根据故障现象划定故障类别，安排相应人员进行处理；根据故障的影响范围，必要时向上一级单位进行汇报并取得技术支持。

第十五条　对于重要设备故障的故障处理，应在操作前填写工作票并由负责人签字后方可进行处理，对于确实需要并且操作员可以紧急处理的，也须在处理后补齐操作手续。

第十六条　故障处理结束后，相关工作人员应以书面形式填写监控系统故障处理报告，具体记录故障现象、故障原因、为排除故障所采取的相关措施及相关反措。

第十七条 故障报修设备所在部门领导或专职管理人员在故障处理报告上确认签字后方可认为故障处理完毕，故障处理报告由运检部存档保存。

第十八条 故障解决后，故障处理情况应在每月的信息运行报表中报运检部。相关人员要对故障设备继续跟踪观察。

第十九条 故障发生后，未能在规定时限内得到处理，应及时向上一级管理单位汇报。

第四章 监控系统故障调查

第二十条 一级故障由公司总部信息安全管理部门组织成立调查组。调查组可根据发生故障的具体情况，指定系统内有关单位参加，必要时也应邀请政府有关部门、IT公司参加协助调查。由故障调查组的技术人员填写事件报告。

第二十一条 对影响只限定在本单位内部的二级故障由故障发生单位的信息安全管理部门组织成立调查组进行故障调查。上级单位的信息安全管理部门和其他相关部门认为必要时可介入调查。

第二十二条 对影响已波及本单位之外的二级故障由上级单位的信息安全管理部门组织成立调查组进行故障调查，本单位和其他被波及的单位配合调查。如有需要，也应邀请政府有关部门、IT公司参加协助调查。故障报告由故障调查组的技术人员填写。

第二十三条 三级故障、异常一般由故障发生单位的信息安全管理部门负责组织调查，必要时上级单位的信息安全管理部门和其他相关部门派专业人员协助调查。报告由故障调查组织机构的技术人员填写。

第二十四条 故障调查必须实事求是，尊重科学，做到故障原因不清楚不放过，故障责任者和应受教育者没有受到教育不放过，没有采取防范措施不放过，故障责任者没有受到处罚不放过。

第五章 监控系统健康维护

第二十五条 监控系统健康维护对象主要分为核心设备和一般设备，核心设备主要包括核心网络设备、小型机、存储、关键应用的PC服务器等，一般设备主要包括接入网络设备、非关键应用的PC服务器等，各单位应按照要求定期开展监控系统健康维护工作。

第二十六条 每次健康维护应提交健康检测报告，相关报告由各单位信息管理部门统一存档，并上报至公司运检部备案。

第二十七条 健康维护中发现的设备故障应按照第三章"故障处理规范"进行处理，故障无法处理或损坏的设备应及时予以更换。

第二十八条 健康维护后发现的风险、故障及问题，按照相关的管理办法处理，并及时上报公司总部。

第六章 附 则

第二十九条 本办法自发布之日起施行。

附录十一　电力监控系统设备缺陷管理办法

第一章　总　　则

第一条　为了加强电力监控系统设备的缺陷管理工作，提高设备完好率，确保信息网络安全可靠运行，特制定本办法。

第二条　本办法明确了电力监控系统设备缺陷的分类，缺陷管理的职责，各类缺陷的处理程序和考核办法。各级管理人员和运行维护人员在设备检修、运行和维护中均应严格遵守本办法。

第三条　本办法适用于公司及所属水电站电力监控系统设备的缺陷管理。

第二章　缺陷的定义和分类

第四条　有缺陷的设备是指发生了异常，虽能继续使用但影响安全可靠运行的设备（含处于备用状态的设备）。

第五条　电力监控系统设备缺陷分为紧急缺陷、重大缺陷、一般缺陷三类。

紧急缺陷：电力监控系统设备发生了直接威胁安全运行的问题，如不立即处理，随时可能造成故障的隐患。

重大缺陷：缺陷对电力监控系统设备安全有严重威胁，但尚能坚持运行。

一般缺陷：除上述紧急、严重缺陷以外的电力监控系统设备缺陷，指性质一般，情况较轻，对安全运行影响不大，短时间内不会劣化成危急或严重的缺陷。

第六条　设备消缺率：指在规定的周期内已消除缺陷和全部缺陷之比。

第三章　职　　责

第七条　运检部均应配备专（兼）职缺陷管理工作的专责工程师或技术员（以下简称"缺陷专责人"）。

第八条　运检部缺陷专责人职责：

（1）贯彻执行国家、行业颁发的有关缺陷管理的法规、标准、规范、规程、规定和本办法。

（2）及时掌握紧急缺陷、重大缺陷、一般缺陷情况，督促、指导本部门消除上述缺陷。

（3）负责组织对本部门缺陷处理情况进行检查验收。

（4）对本部门所有的缺陷进行综合统计分析，形成缺陷报表并上报运检部。

第九条　运检部缺陷专责人职责：

（1）组织贯彻执行国家、行业颁发的有关缺陷管理的法规、标准、规范、规程、制度。

（2）督促运检部执行本办法，并检查执行情况。

（3）及时掌握紧急缺陷、重大缺陷、一般缺陷情况，督促、指导运检部消除上述缺陷。

（4）汇总统计本单位缺陷情况，形成缺陷报表并报上级单位信息主管部门。

第十条　运检部职责：

（1）贯彻执行国家、行业颁发的有关缺陷管理的法规、标准、规范、规程、规定和本办法。

（2）做好设备的日常巡视和检查，及时发现设备的缺陷并按相关的规定进行处理。

（3）根据设备消缺工作的需要，建立相应的备品备件库，及时补充更新备件品种、型号。

（4）建立相应的缺陷台账，对设备缺陷实现分类管理，做到对每个缺陷都要有处理措施和处理情况的反馈。

（5）对本部门所有的缺陷进行综合统计分析，形成缺陷报表并报告运检部。

（6）分析缺陷的成因和规律，提出相应的反事故技术措施和建议。

第十一条　运检部职责：

（1）组织贯彻执行国家、行业颁发的有关缺陷管理的法规、标准、规范、规程、规定和本办法。

（2）及时掌握紧急、重大缺陷、一般缺陷情况，督促、指导运检部及时消除上述缺陷。

（3）统计上报缺陷情况，并进行综合分析，对共性问题组织制定反事故技术措施。

第四章　缺陷的报告与统计

第十二条　运检部在运行、检修、试验等工作中，发现设备异常，应立即进行分析（必要时进行检测），做出结论。凡属缺陷均应填写在《缺陷统计表》中。

第十三条　对于紧急或重大缺陷，运检部应迅速报告本单位主管领导和运检部，运检部应在 8h 内以书面或 E-mail 形式报告上级信息主管部门。一般缺陷填写《缺陷统计表》并按月上报运检部。

第十四条　运检部每月应将缺陷情况分类汇总到《缺陷统计表》。每月 3 工作日前将上一月《缺陷统计表》（纸质及电子文档）报运检部。对难以处理和不能在规定时间内处理的设备缺陷，应以书面形式向运检部说明。

第十五条　运检部每月应在《缺陷统计表》上签署意见，反馈运检部，并于每月 5 日前报上级单位信息主管部门。

第五章　缺陷的处理和验收

第十六条　发现紧急、重大缺陷后，运检部应立即组织人员处理，如无法及时处理的应及时报告运检部，并采取相应的安全技术措施，同时加强运行监视，防止演变成为设备事故。紧急缺陷处理时间不应超过 24h，重大缺陷处理时间不应超过一周。

第十七条　对于一般缺陷，运检部应列入工作计划，尽快处理，处理时间不应超过 2 个月。

第十八条　运检部应根据缺陷汇总情况向检修人员下达《缺陷记录表》，检修人员根据《缺陷记录表》上的缺陷情况进行缺陷处理工作。处理完后，应将处理情况和结果填写到《缺陷记录表》上，并在《缺陷统计表》上做好消缺记录。

第十九条　系统外单位检修人员处理缺陷应按照有关规定履行相应手续后，方可开展工作。

第二十条　检修人员处理缺陷时，对于新发现或已存在但未在《缺陷记录表》中明确反映的缺陷，条件许可时，有责任予以消除，并做好相应记录；如条件不许可，则要对缺陷进行登记，进入缺陷处理流程。

第二十一条　检修人员在工作中消除的缺陷应在运行日志中注明，做到有记录可查。

第二十二条　运检部缺陷专责人负责组织对本部门缺陷处理情况进行检查验收，在《缺陷记录表》上签署验收意见，若确认"合格"，应在验收人签字处签字，并在"缺陷月度统计表"上做好消缺记录；若认为不合格，则在"缺陷管理单"上说明原因，并向运检部报告。

第二十三条　对于重大及以上缺陷，应报运检部审核。

第六章　缺陷处理的考核

第二十四条　各部门紧急缺陷月消除率应达到100%；重大缺陷月消除率应达到90%以上，年消除率应达到100%；一般缺陷年消除率应达到70%以上。

第二十五条　出现设备缺陷上报、消除不及时、缺陷复现或误报的情况，由运检部根据相应的工作考评标准对责任人提出考核。对缺陷消除不及时造成的事故或障碍，根据有关规定追究有关人员的责任。

第七章　附　　则

第二十六条　本办法自发布之日起施行。

附录十二　机房及附属设备系统运行管理办法

第一章　总　　则

第一条　为执行公司机房及机房附属设备系统运行管理工作，规范机房管理，提高机房附属设备系统运行管理水平，确保机房运行环境及机房内设备的安全生产与现场秩序，制定本办法。

第二条　机房的管理工作主要分为工作规定、安全管理、附属设备管理、环境卫生管理等。

第三条　机房管理工作的任务是：保证机房的整洁有序，控制机房人员的进出，避免机房施工的影响，建立健全安全保卫工作制度，落实安全、消防防范措施，预防、减少、消除事故隐患，保护机房设备和员工生命安全，维护机房正常的生产秩序。

第四条　本办法适用于公司及下属单位。

第二章　工　作　规　定

第五条　进出机房的所有人员，应严格遵守机房管理制度，做到来人来访及时登记，自觉服从管理。

第六条　工作人员进入机房，需进行登记和换鞋，并填写相应记录。

第七条　施工单位、设备厂家人员因施工、工作需要，必须进入机房现场作业的，应填写施工单并办理审批手续；进入机房后听从工作人员的指挥，未经许可，不得动用机房内设施；工作结束后，经工作人员检查认可后方可离开机房。

第八条　若遇上级领导莅临指导或是社会团体前来参观，必须报领导同意后，办理进入机房登记手续，同时将参观人员的单位名称、人数等情况详细记录备案。参观过程必须由工作人员全程陪同引导。

第九条　机房设备应由专业人员操作、使用，对各种设备应按规范要求操作、保养。

第十条　在机房现场作业时，应严格按照工作票的工作内容进行操作。需要进行明火作业时，应持有动火工作票，并需在机房管理人员在场的情况下，方可施工操作。

第十一条　施工期间由于施工的问题引起网络异常中断或影响其他设备正常运行等事故，应立即停工并采取措施恢复正常运行。在工作人员查明事故原因，施工单位制定整改措施并提交事故报告后，经主管领导批准方可继续施工。

第十二条　施工人员应强化安全意识、防火意识，确保现场安全，服从机房工作人员的现场管理。

第十三条　施工人员应文明施工，不得擅自进入与已工作无关的区域。施工时应保持施工现场的整洁，施工完毕后，应负责恢复现场。

第十四条　机房内设备种类、型号、数量、配置数据等都属公司内部资料，不得外泄；机房内禁止拍照，特殊情况需要办理审批手续。

第三章　安　全　管　理

第十五条　公司运检部负责机房设备安全，负责机房设备的管理，机房附属设备的安全管理，根据设备管理权限，按照《机房附属设备系统运行管理办法》要求做安全状况检查和监督工作。

第十六条　严禁携带火种、易燃、易爆、腐蚀性、强电磁、辐射性、流体等物质进入机房。机房内不得堆放易燃物品，如纸箱和废纸等。

第十七条　机房内的电源为机房设备专用，非机房设备不得擅自使用机房电源。

第十八条　机房值班人员和工作人员必须熟悉安全防火设备、报警系统的放置位置及其功能，并能熟练地进行操作。

第十九条　值班人员有权制止一切不利于系统正常运行和违反机房规章的行为，机房内一旦发生火情，相关人员应立即采取措施，同时向物业值班人员报警。

第四章　附属设备管理

第二十条　附属设备主要包含机房监控系统、电源、空调、消防系统等，对附属设备进行维护、保养和检查时做好记录，检查周期至少一个工作日一次。

第二十一条　值班员应定时对机房附属设备系统进行巡检，同时做好值班日志记录工作，发现设备故障时，应填写故障记录并及时上报。

第二十二条　系统专业人员对所管辖的机房监控系统设备和软件系统进行定期巡检，直接或协助大楼物业对电源系统、空调系统、消防系统进行健康状况和使用情况的检查。

第二十三条　应建立健全机房附属设备系统安全事件的防范对策，制定事故应急预案，确保意外故障发生时机房内设备的安全运行。

第二十四条　正常运行的机房附属设备系统的检修或故障处理，需办理工作票。机房附属设备维护前应认真做好各项准备工作，制定维护方案，并严格执行，同时做好记录。

第二十五条　认真履行维护验收程序。严格贯彻"谁维护，谁负责"的原则，提高维护质量，保证安全运行。

第二十六条　机房附属设备系统故障排除后应对故障进行分析，提交故障分析报告并归档。

第五章　环境卫生

第二十七条　机房应保持整洁有序。做到进门换鞋、地面清洁、设备无尘、仪表正常、工具定位、资料齐全、存放有序。

第二十八条　应确保空调系统的正常运行，保证机房合适的温度、湿度条件。

第二十九条　机房内禁止吃零食、睡觉、会客、喧哗打闹等与机房设备运行维护无关的事项。

第三十条　爱护公共财物。机房内的公共设施、设备、仪表等不准随意拆卸，工具、图纸、资料等使用要办理相关手续，否则不准带出机房。

第六章　附　则

第三十一条　本办法自发布之日起施行。

附录十三 终端运行维护管理办法

第一章 总 则

第一条 为了进一步规范各部门终端运行维护管理，提高公司信息化管理水平，确保公司监控系统安全、可靠、经济运行，特制定本办法。

第二条 计算机终端包含 PC 机、外设、投影仪、应用软件等。

第三条 本办法适用于公司的计算机终端。

第二章 职 责 分 工

第四条 运检部是公司计算机终端的总归口管理部门。

第五条 各水电厂运检部负责人是本单位计算机终端管理第一责任人。

第六条 计算机终端管理实行"谁使用，谁负责"原则。

第三章 终端硬件管理

第七条 新增（更新）终端管理。

（1）各部门（单位）新增（更新）计算机设备办理程序是：部门书面申请，运检部审核，分管领导批准，报公司统一招标、配送，各水电厂实施。

（2）新增（更新）终端购置后由运检部负责安装调试，各部门（单位）信息员负责验收。

（3）各水电厂及时维护终端设备台账。

（4）更换的旧终端设备或配件由运检部负责收回并并作如下处理：

1）对还能使用的由运检部负责统一调配。

2）对不能使用的按公司废旧物资管理相关管理办法执行。

第四章 终端上网管理

第八条 终端设备上内网必须填写入内网申请表，由各信通分公司统一分配网络资源。

第九条 终端设备上互联网必须填写入互联网申请表，经部门领导同意、分管领导批准后，由运检部开通。

第十条 终端系统上网要做到在控、可管，网络监控系统一旦发现终端上网信息异常，网络管理员可立即关闭异常终端相应的网络交换机端口，终端用户应积极配合做好相应的异常处理工作。

第五章 终端报修管理

第十一条 报修管理。

（1）各水电厂必须使用统一的报修电话。

（2）终端设备发生故障时，各部门（单位）电话向运检部报修，报修人员详细做好报修信息记录。

（3）技术人员对终端系统维护前，终端使用者应自行将重要数据备份，以防维修过程中丢失。

（4）维修过程中，终端使用者应做好配合工作。

（5）维修完毕后，由使用者在终端设备安装维护单上签字确认。

第六章　终端应用管理

第十二条　对终端应用应做到：

（1）终端由所在部门领导授权使用。

（2）使用者应爱护设备，下班后应关机并切断电源。

（3）使用者应保管好个人信息，做好重要数据的备份。

第十三条　终端不得发生以下行为：

（1）在终端上安装、使用游戏软件，包括操作系统自带的游戏。

（2）在终端上安装与工作无关的软件。

（3）随意更改或撕贴终端设备上的编号标签。

第十四条　终端信息严禁发生以下行为：

（1）在终端上安装、使用代理猎手、端口扫描、木马等黑客软件。

（2）制造、传播计算机病毒。

（3）浏览色情网站、法轮功网站或其他非法网站。

（4）通过 NOTES 系统或网上论坛等途径传播反动、色情或有损公司形象、影响公司正常秩序的个人信息。

（5）严禁终端用户私自更改终端配置信息。

第七章　附　　则

第十五条　本办法自发布之日起施行。

附录十四　系统补丁升级系统管理办法

第一条　为了维护公司信息网络安全，保证公司各项应用系统的正常运行，保护信息网络内部计算机数据安全，特制定本办法。

第二条　本办法适用于公司及下属水电站。

第三条　公司总部及其下属水电站必须统一由公司总部部署系统补丁升级系统。系统补丁升级系统由公司总部统一建立和管理。

第四条　系统补丁升级系统服务器专机专用。不得在系统补丁升级系统服务器上安装其他无关软件程序。

第五条　连接在管理信息大区的计算机必须统一安装部署系统补丁升级程序，接受系统补丁升级系统的统一管理。

第六条　连接在生产控制大区的计算机升级补丁由专人负责管理，升级补丁包在官网下载，并经过安全检测后对计算机进行升级。

第七条　系统补丁升级工作由各单位安排专人负责，定期检查补丁更新情况。

第八条　各单位计算机补丁升级发生软、硬件故障必须及时向公司总部进行通报。由公司总部协助进行故障恢复。

第九条　系统补丁升级管理员应密切关注有关厂商的补丁更新程序，根据情况及时下载应用补丁。补丁应用安装前必须对即将应用安装的补丁进行测试，测试时间不少于24h。补丁测试、安装过程须进行记录归档。

第十条　由公司总部公布的必须更新的系统补丁，各单位系统补丁升级系统管理员应立即响应并按公司总部要求进行更新。

第十一条　任何人不得随意删减计算机系统中已经安装应用的补丁更新程序。如发现补丁更新程序与应用软件有冲突，应及时向本单位系统补丁升级系统管理员反映。各单位系统补丁升级系统管理员对系统补丁升级系统进行相应设置更改前须通报公司总部，得到同意后方可对系统补丁进行删减。操作过程须进行记录归档。

第十二条　对新购置的计算机设备必须由系统补丁升级系统管理员安装必要的补丁更新并测试无误后方可投入正式运行。

第十三条　本办法自发布之日起施行。

附录十五 数字证书认证系统运行管理办法

第一章 总 则

第一条 为规范公司数字证书认证系统的运行管理工作，充分保障数字证书认证系统的正常运作秩序和安全性，维护公司职工的利益不受到非法侵害，特制定本管理办法。

第二条 数字证书认证系统管理制度遵循公司相关规章制度。

第三条 本办法适用于公司本部及下属单位。

第二章 数字证书认证系统运营场所管理

第四条 进出数字证书认证系统运营场所或对数字证书认证系统的运行维护必须严格遵守公司机房管理办法。

第五条 数字证书工作人员必须佩戴有关证件来标识自己的身份，外来访问者需要佩戴访问者证件，并且要求佩戴的工作证件醒目可见，严禁证件被遮盖或模糊不清楚。

第六条 非数字证书运营中心的人员进出必须做好来访人员登记记录，对受控制区域的访问必须有数字证书相关工作人员陪同。

第七条 所有证件由专人管理，一旦丢失证件，必须立即向安全管理员报告。

第三章 数字证书认证系统操作流程管理

第八条 数字证书工作人员必须严格遵守各自职责和操作流程，不得违规操作，未经许可不得越权。

第九条 对系统所有的操作，要求操作之前充分考虑并能预计操作之后的结果，每次操作都必须做好记录，以便事后审核跟踪。

第十条 计算机数据库中公司职工信息的录入、查看、修改、删除等操作由专门的工作人员负责进行。

第十一条 对系统有较大改动的操作和配置，须向上级主管报告，经研究批准并形成修改实施计划后方可进行操作。并且按照职责分离原则，改动时需双人在场。

第十二条 在系统出现故障（如系统不能启动等）时，不准随便对机器操作，要请系统管理员检查处理，防止造成不可挽回的损失。

第十三条 没有经过请示，任何人不得删除服务器上的文件。

第四章 数字证书认证系统安全管理

第十四条 在未经允许的情况下，不得将公司职工信息以任何形式包括书面形式或电子形式带出公司。由于工作原因需要将公司职工资料带出公司的，须经上级主管批准，并应做好相应的安全保护措施。

第十五条 公司职工信息资料只能由相关工作人员接触，其他非相关人员不得无故翻阅、查看公司职工的信息。公司职工信息资料由指定人员归档保管。

第十六条 对由于各种原因而造成公司职工信息泄露的相关人员要追究相应的责任。

第十七条　数字证书认证系统运行管理所需的用户名、口令等重要资料必须由专人管理。为防泄密，在获得本信息通信分公司信息工作主管领导同意的情况下，可以不定期对系统的口令进行更改。最长周期不得大于 90 天。

第十八条　数字证书认证系统严厉禁止使用来历不明的软件，防止携带黑客或病毒程序，尤其是针对连接在业务网络系统上的计算机。

第十九条　数字证书工作人员不得随意在服务器上安装软件。

第二十条　数字证书工作人员必须严格遵守网络安全管理要求。

第五章　附　　则

第二十一条　本办法自发布之日起施行。

附录十六 数据库系统运行管理办法

第一章 总 则

第一条 为规范公司数据库系统的运行管理工作,提高公司数据库系统运行管理水平,保障数据库正常、高效、安全运行,推动公司信息安全工作,依据国家有关法律法规,特制定本办法。

第二条 本办法所称的数据库系统,是指由水电厂负责管理和维护的数据库系统。

第三条 本办法适用于公司及下属水电站。

第二章 管 理 机 构

第四条 公司数据库系统的运行工作实行分级运行管理制度,由公司总部以及各水电厂分级共同负责数据库运行管理和维护。各单位要理顺管理体制,明确专门的管理部门,配备专职的数据库管理员,确立岗位,强化责任,保障数据库运行管理工作的正常进行。

第五条 公司负责数据库系统的管理工作,其主要职责是:组织制定数据库系统的管理办法、规范和技术标准,监督和检查实施情况;运行、监视和管理下属单位集中数据库系统运行情况;指导、检查和协调各地区数据库运行管理工作;组织数据库运行情况的调查,发布数据库运行情况公告、公报、月报和年报;组织有关的技术培训和交流;与其他相关单位的业务联系。

第六条 各水电厂负责所属单位数据库系统的运行工作,其主要职责是:数据库系统的运行维护;数据库备份与恢复工作;数据库系统安全保障工作。

第三章 数据库运行管理

第七条 数据库管理员每日必须检查数据库服务器的硬件运行状况并记录。

第八条 数据库管理员检查数据库服务器的存储设备运行状况并记录。

第九条 据库管理员检查数据库服务器的操作系统日志。

第十条 数据库管理员检查数据库服务器的运行状况,包括CPU、硬盘空间利用率、交换空间利用率,并记录。

第十一条 数据库管理员检查数据库运行日志。

第十二条 其他数据库维护工作日志。

第十三条 数据库管理员定期对所管辖数据库进行维护工作。

第十四条 数据库管理员定期检查数据库结构并做记录。

第四章 数据库备份管理

第十五条 系统的数据库必须有定期的数据库备份策略。

第十六条 备份尽可能使用在线备份方式。

第十七条 备份数据库时,尽量将活动日志文件包括在备份文件中。

第十八条 备份时,要妥善管理好数据库归档日志文件。

第十九条 备份文件要妥善放置，必须存放在一个以上的地方并分开放置。

第二十条 备份尽可能使用压缩方式。

第二十一条 据库备份文件要定期进行恢复性测试，保证备份文件的可用性。

第二十二条 期检查数据库备份日志文件，确保数据库备份操作正常。

第五章　数据库安全管理

第二十三条 数据库所在的服务器要做好系统级安全加固工作，及时更新操作系统、数据库系统的补丁。

第二十四条 数据库服务器远程管理工具要使用安全连接方式。

第二十五条 数据库要设置完善的用户管理制度。

第二十六条 数据库用户口令要定期更改。

第二十七条 将缺省的数据库权限回收。

第二十八条 有数据库用户都要进行数据库授权。

第二十九条 不同性质用户，用不同的数据库用户组区分。

第六章　保　障　措　施

第三十条 各单位要高度重视数据库运行管理工作，加强对运行管理工作的领导。

第三十一条 各单位要建立结构合理、人员相对稳定的数据库运行管理队伍，制定培训计划，完善培训制度，加强人员培训和技术交流，提高数据库运行和管理的技术水平。

第三十二条 各单位要加强系统数据库、重点应用的管理，重视数据库应急预案建设，提高预警、响应和应急处理能力，数据库应急预案应报公司总部备案。

第三十三条 在发生数据库异常时，要及时填写好数据库故障登记表，并根据故障处理流程进行相应处理。下属单位如不能及时排除故障，应立即向公司总部汇报，由总部协调解决。

第三十四条 数据库故障排除后应对故障进行分析，提交故障分析报告并归档。

第三十五条 各单位应加强值班工作，加强日常数据库维护管理，配备必要的维护软件和工具，落实管理责任制，规范管理流程，提高管理效率，做好工作日志，加强制度落实的检查和考核。

第三十六条 公司总部定期到各水电厂进行数据库运行情况巡检，掌握各单位的数据库运行情况，并对数据库运行状况进行评测。

第三十七条 各下属单位在每月 5 日前向公司总部书面汇报上月本单位的数据库运行状况。

第三十八条 公司总部每年年底对各下属单位进行数据库运行年度考评。

第七章　附　　则

第三十九条 本办法自发布之日起施行。

附录十七　入侵检测系统管理办法

第一条　为了维护公司信息网络安全，保护信息网络内部计算机数据安全，保证公司各项基于网络的应用系统的正常运行，特制定本办法。

第二条　本办法适用于公司总部及下属单位。

第三条　公司信息网络的关键网段及网络出口处必须统一安装部署入侵检测系统。

第四条　公司总部负责下属单位入侵检测系统的整体规划和部署，并负责定期检查各单位的入侵检测系统运行工作。各单位负责本单位的入侵检测系统运行管理工作。

第五条　入侵检测系统由各单位安排专人专管。新购置的入侵检测系统在上线前应根据相关管理制度进行安装设置，并进行功能、性能等方面的全面测试，形成详细的测试报告，满足上线要求后方可投运。

第六条　入侵检测系统硬件设备必须按照设备安装规范进行安装。

第七条　必须采取技术手段严格控制能够登陆、访问、控制入侵检测系统及控制台的人员。限制能够登陆、访问、控制入侵检测系统及控制台的用户名和口令。

第八条　管理入侵检测系统所需的电子钥匙、用户名、口令等重要资料必须由专人管理。为防泄密，在获得本单位信息安全工作主管领导同意的情况下，可以不定期对入侵检测系统的口令、密钥等进行更改。

第九条　入侵检测系统管理员必须根据实际情况调整检测模板，在公司统一下发的模板上进行增加，但不能少于统一模板的内容，以减少误报。

第十条　入侵检测终端必须每天运行在检测状态，入侵检测系统管理员应每天密切关注入侵检测系统检测到的攻击事件、报警信息。重要的报警事件应及时向主管领导汇报。

第十一条　入侵检测系统管理员应密切关注入侵检测厂商发布的相关程序、升级包，结合厂商发布的相关程序、升级包，及时升级。

第十二条　入侵检测系统管理员需不少于每3个工作日一次查看入侵检测系统生成的日志报表，并进行数据备份。

第十三条　正式运行中的入侵检测系统如需进行改变安装位置、停机、重起、更改配置等操作，需由入侵检测系统管理员向本单位信息安全工作主管领导提出申请，获得批准后方可进行。

第十四条　本办法自发布之日起施行。

附录十八　计算机防病毒管理办法

第一条　为了维护公司计算机网络系统的安全，预防和控制计算机病毒的产生、感染、传播和扩散，保证公司各项基于网络的应用系统的正常运行，特制定本管理办法。

第二条　本办法适用于公司本部及下属单位。

第三条　各部门必须安装企业防病毒系统。

第四条　各单位防病毒系统必须统一从公司防病毒更新病毒定义码，不得擅自下载、更新病毒定义码。

第五条　连接在公司信息网络的计算机必须统一安装部署企业防病毒软件。不得随便使用在别的机器上使用过的存储介质（如：软盘、硬盘、可擦写光盘、U 盘等）。

第六条　防病毒系统管理员必须定期对网络计算机系统进行病毒查杀，病毒检测的周期不应大于 10 天。

第七条　防病毒系统管理员负责发布病毒通告，并对病毒特征库进行及时更新。病毒特征库更新周期不应大于 10 天。

第八条　防病毒系统管理员应密切关注有关厂商的补丁程序，根据系统情况及时安装补丁。补丁安装前应对系统进行备份。补丁安装后应对系统进行测试。同时对安装过程进行记录归档。

第九条　应坚持以硬盘引导，需用软盘引导，应确保软盘无病毒。

第十条　对新购置的计算机设备和软件需经检测后，试运行一段时间，未发现有病毒等异常情况后再投入正式运行。任何人不得随意删除计算机设备上安装的防病毒软件。

第十一条　防病毒系统管理员需定期检查防病毒系统主引导区、引导扇区、文件属性（字节长度、文件生成时间等）、模板文件和注册表等，防止病毒及黑客程序的侵入。

第十二条　计算机用户不应轻易打开来历不明的电子邮件，以防被邮件中包含的病毒感染。

第十三条　对接入公司信息网络的计算机用户，不得轻易下载和使用来历不明的软件。

第十四条　计算机用户不得使用盗版软件。

第十五条　网络系统一旦遭受病毒攻击，应及时采取应急措施，避免病毒的扩散造成损失。

第十六条　计算机用户应将 Office 软件提供的宏报警功能打开，发现宏病毒时能及时报警。

第十七条　禁止制造或传播病毒。对于故意制造或传播计算机病毒，给公司信息网络安全运行造成影响的，按国家法律法规和公司相关规定追究责任。

第十八条　本办法自发布之日起施行。

附录十九　服务器（主机）系统运行管理办法

第一章　总　　则

第一条　为规范公司服务器系统运行管理工作，提高服务器系统运行管理水平，保障服务器系统安全可靠的运行，特制定本办法。

第二条　本办法所指的服务器系统为各单位负责维护和管理的小型机、PC 服务器等所构成的、为公司各业务应用系统提供服务的软硬件集成系统。

第三条　服务器系统运行管理主要包括日常运行管理及维护管理等。

第四条　本办法适用于公司总部及下属单位。

第二章　运　行　管　理

第五条　公司总部负责国服务器系统的运行管理工作及全省服务器系统的整体规划和部署，并负责定期检查各单位的服务器系统运行工作。各单位负责本单位的服务器系统运行管理工作。

第六条　各单位应明确专人负责服务器系统的日常运行维护管理工作。

第七条　新购置的服务器系统在上线前应根据相关管理制度进行安装设置，并进行功能、性能等方面的全面测试，形成详细的测试报告，满足上线要求后方可投运。

第八条　服务器系统投入运行后，服务器系统管理员应建立服务器系统的基础台账及运行记录，对服务器系统的配置信息、软件版本、运行参数、技术指标、设备缺陷、检修记录、软件升级记录等进行记录归档。

第九条　严格控制能够登陆、访问、控制、配置服务器系统的权限。服务器系统管理所需的用户名、口令等重要资料必须由专人管理。为防泄密，在获得本单位信息安全工作主管领导同意的情况下，可以不定期对服务器系统的口令进行更改。最长周期不得大于 90 天。

第十条　服务器系统管理员应定期查看服务器系统日志、报警信息、工作状态、服务器配置等，及时发现并处理服务器系统的故障隐患。检查周期至少一周两次。

第十一条　服务器系统管理员不得擅自更改服务器配置。正式运行中的服务器系统如需进行改变安装位置、停机、重起、更改配置等操作，需由服务器系统管理员向本单位信息安全工作主管领导提出申请，获得批准后方可进行。

第十二条　服务器系统管理员应密切关注厂商发布的补丁程序，根据情况安装补丁。在安装前应对服务器系统补丁进行测试。同时对测试、安装过程进行记录归档。

第十三条　服务器系统管理员应严格规范服务器系统的软件安装，禁止安装和工作无关的图文、影像或其他软件。

第十四条　服务器系统在进行补丁升级、配置更改等重要工作之前必须先备份服务器操作系统和原有配置等相关信息，以确保对服务器系统操作失败后能恢复之前正常的运行状态。升级、更改后必须再次备份服务器操作系统和配置。

第十五条　应建立健全服务器安全事件的防范对策，制定重要系统的事故应急预案，保证应用系统的安全稳定运行。

第三章　维　护　管　理

第十六条　正式投入运行的服务器设备不得随意停运或检修。停运或检修核心设备时，需办理工作票。

第十七条　服务器设备维护前应认真做好各项准备工作，制定维护方案，并严格执行，同时做好记录。

第十八条　认真履行维护验收程序。严格贯彻"谁维护，谁负责"的原则，提高维护质量，保证安全运行。

第十九条　服务器系统发生故障后，值班人员应立即采取措施（如启动应急预案）并报告负责人。对相关应用系统产生影响的，应通知相关业务部门。处理过程记录归档。

第二十条　服务器系统故障排除后应对故障进行分析，提交故障分析报告并归档。

第四章　附　　　则

第二十一条　本办法自发布之日起施行。

附录二十　防火墙管理办法

第一条　为了维护公司信息网络安全，保护信息网络内部计算机数据安全，保证公司各项基于网络的应用系统的正常运行，特制定本办法。

第二条　本办法适用于公司本部及下属单位。

第三条　公司信息网络的计算机与外部网络之间必须统一安装部署防火墙系统。

第四条　公司总部负责下属单位防火墙系统的整体规划和部署，并负责定期检查各单位的防火墙系统运行工作。各单位负责本单位的防火墙系统运行管理工作。

第五条　防火墙系统由各单位安排专人专管。新购置的防火墙系统在上线前应根据相关管理制度进行安装设置，并进行功能、性能等方面的全面测试，形成详细的测试报告，满足上线要求后方可投运。

第六条　防火墙系统硬件设备必须按照设备安装规范进行安装。

第七条　必须采取技术手段严格控制能够登陆、访问、控制、配置防火墙的计算机。限制能够登陆、访问、控制、配置防火墙计算机的账户、IP 地址、MAC 地址。

第八条　防火墙管理所需的密钥、电子证书、账户、口令等重要资料必须由专人管理。为防泄密，在获得本省信通分公司信息工作主管领导同意的情况下，可以不定期对防火墙的口令、密钥等进行更改。最长周期不得大于 90 天，口令长度要大于 8 位。

第九条　防火墙系统管理员需定期查看防火墙日志、报警信息、工作状态等，及时发现并处理防火墙系统的故障隐患。检查周期不小于 3 天一次。

第十条　防火墙系统管理员必须定期对防火墙配置进行检查，检查配置文件的正确性、完整性。检查周期不小于 7 天一次。

第十一条　防火墙系统管理员不可轻易更改防火墙配置。正式运行中的防火墙如需进行改变安装位置、停机、重起、更改配置等操作，需由防火墙系统管理员向主管领导提出申请，获得批准后方可进行。

第十二条　防火墙系统管理员应密切关注防火墙厂商发布的防火墙相关程序、补丁程序，根据情况升级程序或安装补丁。安装后应对防火墙系统进行测试。同时对安装过程进行记录归档。

第十三条　防火墙在进行软件升级、配置更改等重要工作之前必须先备份防火墙原有配置等相关信息，以确保对防火墙操作失败后能恢复之前正常的运行状态。

第十四条　对防火墙进行监控须向各单位信息安全主管领导提出申请，获得批准后方可进行。对防火墙进行监控的机器只能以只读方式对防火墙进行监控。

第十五条　本办法自发布之日起施行。

附录二十一　存储系统运行管理办法

第一条　为规范公司存储系统运行管理工作，提高存储系统运行管理水平，保障存储系统安全可靠的运行，特制定本办法。

第二条　本办法适用于公司总部及下属单位，以下简称各单位。

第三条　公司总部负责存储系统的运行管理工作及各单位存储系统的整体规划和部署，并负责定期检查和监督各单位的存储系统运行工作。各单位负责本单位的存储系统运行管理工作。

第四条　各单位应明确专人负责存储系统的日常运行维护管理工作。

第五条　新购置的存储系统在上线前做功能、性能、安全等方面的全面测试，形成详细的测试报告，满足上线要求后方可投运。

第六条　存储系统硬件设备必须按照设备安装规范安装。

第七条　对于应用系统的存储需求，由相关部门提出书面申请，存储系统管理员进行需求审核和方案制定，经信息安全主管领导批准后方可实施。

第八条　必须采取技术手段严格控制能够登陆、访问、控制、配置存储系统的用户。

第九条　存储系统管理所需的用户名、口令等重要资料必须由专人管理。为防泄密，在获得本单位信息安全工作主管领导同意的情况下，可以不定期对存储系统的口令进行更改。最长周期不得大于 90 天。

第十条　存储系统管理员应定期查看存储系统日志、报警信息、工作状态等，及时发现并处理存储系统的故障隐患。检查周期至少一个工作日一次。

第十一条　存储系统管理员必须定期对存储系统配置进行检查，检查配置文件的正确性、完整性。检查周期至少 7 天一次。

第十二条　存储系统管理员不可轻易更改存储配置。正式运行中的存储系统如需进行改变安装位置、停机、重起、更改配置等操作，需由存储系统管理员向工作主管领导提出申请，获得批准后方可进行。

第十三条　存储系统管理员应密切关注存储设备厂商发布的补丁程序，根据情况通知厂商进行补丁安装。在安装前应对存储系统补丁进行测试。同时对测试、安装过程进行记录归档。

第十四条　存储系统在进行补丁升级、配置更改等重要工作之前必须先备份存储系统原有配置等相关信息，以确保对存储系统操作失败后能恢复之前正常的运行状态。升级、更改后必须再次备份存储系统配置。

第十五条　公司总部定期到各单位进行存储系统运行情况巡检，掌握各单位的存储系统运行情况，并对存储系统运行状况等进行评测。

第十六条　下属单位在每月 5 日前向公司总部书面汇报上月本单位的存储系统运行状况。

第十七条　公司总部每年年底对各下属单位进行存储系统运行情况年度考评。

第十八条　应建立健全存储系统运行管理制度。

第十九条　办法自发布之日起施行。

附录二十二　事件处置与报告预案

1　总则

1.1　为有效预防、及时控制公司信息系统突发事件，最大限度减少突发事件对公司生产、经营、管理造成损失或不良影响，保障公司信息系统安全稳定运行，依据国家和电力行业有关法律、法规、政策的要求，制定本预案。

1.2　按照"谁主管、谁负责，谁运行、谁负责"的原则，制定符合本单位要求的信息系统应急处置工作机制和应急预案，对信息系统中网络、主机、应用（含数据）、安全、机房及物理环境等部分应分别制定专项应急预案。

1.3　本预案适用于公司范围内信息系统突发事件的应急处理，具体包括管理信息系统、网络系统和相关支撑的软硬件及物理环境的突发事件。

2　基本原则

2.1　预防为主

2.1.1　坚持"安全第一，预防为主，常备不懈"的原则，加强信息系统安全管理工作，突出突发事件的预防和控制措施，定期进行安全检查，及时发现和处理设备缺陷，有效防止重特大系统事故发生。

2.1.2　加强信息安全宣传工作，提高广大员工信息安全防护意识，维护电力设施安全。

2.1.3　组织开展有针对性的反事故演习，提高公司对信息系统突发事件处理、应急抢险以及恢复正常生产的能力。

2.2　统一指挥

实行"统一指挥，组织落实，措施得力"的原则，在公司应急领导小组的统一指挥和协调下，公司应急领导小组和信息室应组织开展对突发事件处理、事故抢险、系统恢复、应急救援等各项应急工作。

2.3　分层分区

按照"分层分区，统一协调，各负其责"的原则建立公司信息系统突发事件应急处理体系，并针对本公司的具体情况，制定防止和处置各类信息系统突发事件、维护信息系统正常运行的应急预案。

2.4　保证重点

2.4.1　遵循"统一调度，保系统，保重点"的原则，在突发事件的处理和控制中，保证公司主要信息系统的安全放在第一位，采取一切必要手段，限制突发事件范围进一步扩大，防止发生重要系统性崩溃和瓦解。

2.4.2　坚持统一调度、统一指挥，公司和个人不得非法干预调度工作。

2.4.3　在系统恢复中，优先恢复重要系统和重要设备，努力提高整个系统的恢复速度和效率。

3 组织机构与职责

3.1 成立以公司总经理为组长、其他领导和部门负责人为成员的信息系统应急处理领导小组，对信息系统发生的突发事件进行统一协调处理，其主要职责为：

3.1.1 接受上级主管单位应急处理组织机构的领导。

3.1.2 贯彻落实国家、行业和上级主管单位有关部门信息系统突发事件应急处理的法规、规定，研究信息系统重大应急决策和部署。

3.1.3 根据突发事件影响程度的大小，适时向上级应急处理组织机构汇报有关情况，对其信息系统突发事件应急处理工作进行督察和指导。

3.1.4 指挥、督察、协调公司信息系统突发事件的应急处理工作，宣布实施和终止应急预案。

3.1.5 及时掌握、了解公司信息系统突发事件信息，并向上级主管单位或部门汇报重大信息系统突发事件及其应急处理的情况。

3.1.6 统一领导公司信息系统Ⅰ级和Ⅱ级突发事件的应急处置工作。

3.1.7 研究决定公司对外有关信息系统突发事件的新闻发布。

3.2 应急处理领导小组下设工作小组，由公司总工程师担任组长，成员包括运维检修部负责人、信息主管、信息专职和网络管理人员。公司运维检修部信息室为突发事件应急处理的职能部门，具体负责信息系统的网络与信息安全应急工作。工作小组的主要职责为：

3.2.1 动态掌握公司信息系统的运行状态和信息系统突发事件情况，及时向应急领导小组和上级有关部门汇报。

3.2.2 提请应急处理领导小组决定进入和解除应急状态，实施和终止应急预案。

3.2.3 接受应急处理领导小组的指挥，落实应急处理领导小组下达的应急指令。

3.2.4 监督执行应急领导小组下达的应急指令和各项具体任务。

3.2.5 掌握应急处理情况，及时向领导小组报告应急处置过程中处理的重大问题。

3.2.6 监督应急预案执行情况，在应急过程中协调各有关管理部门和人员。

3.2.7 开展信息系统突发事件的应急处理及恢复正常运行的工作，督促和检查信息系统突发事件应急处理工作的落实情况。

3.2.8 对信息系统突发事件的有关信息进行汇总和整理，并根据应急领导小组的要求，提供应急处置新闻发布的有关资料信息。

3.2.9 组织开展信息系统突发事件善后处理工作。

4 突发事件定义和分级

4.1 突发事件定义

信息系统突发事件是指公司信息系统在运行过程中，突受外界或内部因素影响，发生或可能发生信息系统大面积停运（包括系统主要设备在内的设备损坏、设备运行不稳定等），造成或可能造成重要系统停运、系统不能正常运行，对公司生产运行和管理经营带来严重影响的信息系统事件。

4.2 突发事件分级

4.2.1 公司参照上级主管单位信息系统事件分级标准，结合公司实际情况，制定相应预警状态和应急状态标准。信息系统突发事件分为Ⅰ级、Ⅱ级和Ⅲ级3个等级，Ⅰ级最严重，Ⅲ级最轻。

4.2.2 当发生Ⅲ级事件时公司将进入信息系统预警状态；当发生Ⅱ级或Ⅲ级事件时，公司将分别进入信息系统Ⅱ级和Ⅲ级应急状态。

4.3 Ⅰ级信息系统突发事件

4.3.1 因下列原因对本公司生产、经营、管理和信息发布造成影响，影响内部用户数超过90%：

（1）通道与网络故障。

（2）主机设备、操作系统、中间件和数据库软件故障。

（3）应用停止服务故障。

（4）应用系统数据丢失。

（5）机房电源、空调等环境故障。

（6）大面积病毒爆发、蠕虫、木马程序、有害移动代码等。

（7）非法入侵，或有组织的攻击。

（8）自然灾害或人为外力破坏。

（9）信息发布和服务网站遭受攻击和破坏。

（10）其他原因。

4.3.2 出现大面积的有害信息传播，影响范围大，影响各单位内用户数超过50%，低于90%。

4.3.3 涉及国家或公司利益的秘密信息通过信息系统泄漏，造成重大影响。

4.4 Ⅱ级信息系统突发事件

4.4.1 因下列原因对本公司生产、经营、管理和信息发布造成影响，影响内部用户数超过50%、低于90%的：

（1）通道与网络故障。

（2）主机设备、操作系统、中间件和数据库软件故障。

（3）应用停止服务故障。

（4）应用系统数据丢失。

（5）机房电源、空调等环境故障。

（6）大面积病毒爆发、蠕虫、木马程序、有害移动代码等。

（7）非法入侵，或有组织的攻击。

（8）自然灾害或人为外力破坏。

（9）信息发布和服务网站遭受攻击和破坏。

（10）其他原因。

4.4.2 出现大面积的有害信息传播，影响范围大，影响各单位内用户数超过50%、低于90%的。

4.4.3 涉及国家或公司利益的秘密信息通过信息系统泄漏，造成重大影响的。

4.5 Ⅲ级信息系统突发事件

4.5.1 因下列原因对本单位的生产、经营、管理和信息发布造成影响，影响内部用户数超过 30%、低于 50%的：

（1）通道与网络故障。

（2）主机设备、操作系统、中间件和数据库软件故障。

（3）应用停止服务故障。

（4）应用系统数据丢失。

（5）机房电源、空调等环境故障。

（6）大面积病毒爆发、蠕虫、木马程序、有害移动代码等。

（7）非法入侵，或有组织的攻击。

（8）自然灾害或人为外力破坏。

（9）信息发布和服务网站遭受攻击和破坏。

（10）其他原因。

4.5.2 出现大面积的有害信息传播，影响范围大，影响各单位内用户数超过 30%，低于 50%。

5 工作流程

5.1 应急启动

5.1.1 发生信息系统突发事件后，立即启动应急预案，本着尽量减少损失的原则，将应急系统或设备尽快隔离，在不影响正常生产、经营、管理秩序的情况下，保护现场。

5.1.2 应急处理工作小组接到信息系统突发事件的应急报告后，应根据事件影响程度情况，启动公司信息系统应急预案。

5.1.3 应急处理工作小组接到Ⅰ级、Ⅱ级信息系统突发事件报告后，应将事件的性质和影响程度向公司应急领导小组报告。对需要有关部门应急支持的事件，经公司应急领导小组批准同意后，由工作小组启动公司《信息系统应急预案》。

5.2 事件报告

5.2.1 发生信息系统突发事件时，由公司应急处理工作小组逐级报告。

5.2.2 报告分为紧急报告和详细汇报。紧急报告是指事件发生后，信息管理人员向应急处理工作小组以口头和应急报告表形式汇报事件的简要情况。详细汇报是指由相应单位信息系统应急处理机构在事件处理暂告一段落后，以书面形式提交的详细报告。

5.2.3 应急处理工作小组对各类突发事件的影响进行初步判断，有可能是Ⅰ级事件的，须在 30min 内向上级主管单位进行紧急报告，Ⅱ级事件应在 60min 内进行报告，Ⅲ级事件在 3h 内汇报。

5.2.4 公司和个人均不得缓报、瞒报、谎报或者授意他人缓报、瞒报、谎报任何信息系统突发事件。

5.2.5　事件报告的内容和格式要求：

（1）按规定的内容和格式进行汇报，要求内容简洁、清楚、准确。

（2）口头报告的内容主要包括事件发生的时间、概况、可能造成的影响等情况。

（3）口头报告后应按照《信息系统事件应急报告表》的格式报送应急处理工作小组。

5.3　应急处理

5.3.1　信息系统应急处理按照各专业协同处理的原则进行。需要内部多个部门和专业协同处置或外部应急资源支持的应急事件，由领导小组统一协调指挥。

5.3.2　运维检修部信息室应以保障重要应用系统、信息网络及基础应用的安全稳定运行为目标，当发生病毒、非法入侵、网络攻击、有害信息传播、不符合规定的涉密信息传播等事件时，迅速调整网络安全设备的安全策略或隔离事件区域，查找源头，采取有效措施，控制事件的发展。当管理信息系统出现软硬件设备故障、网络链路故障、机房环境设备故障等事件时，应立即启用备份系统和备用设备，调整系统运行和安全策略，恢复系统正常运行。

5.3.3　发生Ⅲ级信息系统突发事件后，信息管理人员应立即启动相关应急预案和专项应急预案，根据事件原因采取相应措施控制影响范围，同时向应急处理工作小组汇报，工作小组协同其他有关启动应急准备工作。

5.3.4　信息系统突发事件由Ⅲ级发展为Ⅱ级或发生Ⅱ级突发事件后，应立即启动相关应急预案和专项应急预案，积极开展应急处理，并根据突发事件产生的原因由工作小组协调相关资源，支持发生事件相关部门及时有效地进行处理，控制事件发展，同时报公司应急处理领导小组及上级主管单位职能部门，应急处理领导小组协调公司其他应急资源统一指挥应急处理工作。

5.3.5　信息系统突发事件由Ⅱ级发展为Ⅰ级或发生Ⅰ级突发事件后，应立即启动相关应急预案和专项应急预案，并根据事件产生的原因由工作小组协调相关资源，组织有关各方对事件进行及时、有效地处理，控制事态发展，同时报公司应急处理领导小组及上级主管单位职能部门，应急处理领导小组协调公司其他应急资源统一指挥应急处理工作。

5.3.6　因自然灾害、恐怖袭击、战争、人为非法破坏等重大突发事件导致发生大规模的计算机病毒爆发、网络攻击、内部人员重大作案等重大网络与信息安全事件，使公司无法迅速恢复正常生产、经营和管理工作时，由公司应急处理领导小组根据《信息系统应急预案》请求上级主管单位、地方政府公安部门或信息职能部门的应急支持。

5.4　应急处理结束

5.4.1　在同时满足下列条件下，应急处理领导小组或工作小组可决定宣布解除应急状态：

（1）各种信息系统异常事件已得到有效控制，情况趋缓。

（2）信息系统突发事件处理已经结束，设备、系统已经恢复正常运行。

（3）上级单位应急处理机构解除应急响应状态的指令。

5.4.2 应急处理工作小组应及时向现场应急处理工作人员和参与应急支援的有关部门人员传达解除应急状态响应的指令，恢复正常生产工作秩序。

5.4.3 应急处理工作小组向上级主管单位职能部门报告已解除应急状态，恢复正常运行。

6 保障措施

6.1 通信保障

应急期间，指挥、通信联络和信息交换的渠道主要有系统程控电话、外线电话、手机、传真、电子邮件等方式，有关应急联系的手机应保持 24h 开机状态。

6.2 物资保障

应急物资装备主要有车辆、备品备件、常用工具和常用工具软件，并明确应急处理的会议室和会议室内电话号码。

6.3 技术保障

6.3.1 应重视研究涉及信息系统安全的重大问题，从信息系统建设和改造项目的规划、立项、设计、建设、运行等各环节，提出应对信息系统突发事件的技术保障措施与要求。

6.3.2 信息系统各项目建设和服务合同中应包含相关设备厂商、技术服务厂商在信息系统应急方面的技术支持内容。

6.3.3 应根据本预案，针对不同系统或设备、不同故障或不同异常情况制定详细的专项预案。各专项预案中应详细定义应急处理流程、应急人员、应急操作方法等，以保证对信息系统突发事件的准确处理。

6.3.4 注意收集各类信息系统突发事件的应急处理实例，总结经验和教训，开展信息系统突发事件预测、预防、预警和应急处置的技术研究，加强技术储备。

6.4 资金保障

公司应保障应急培训、演练、添置应急装备物资等所需经费。

6.5 人员保障

6.5.1 公司要加强信息系统突发事件应急技术支持队伍的建设，提高人员的业务素质、技术水平和应急处理能力。

6.5.2 合理整合技术专家资源，利用科研单位和厂商的技术专家的力量，逐步建立应对各种信息系统突发事件的应急专家组，并积极发挥其重要作用。

7 后期处理

7.1 后期观察的要求

7.1.1 Ⅰ级信息系统突发事件应急处理结束后应密切关注、监测系统运行 2 周，确认无异常现象。

7.1.2 Ⅱ级信息系统突发事件应急处理结束后应密切关注、监测系统运行 1 周，确认无异常现象。

7.1.3 Ⅲ级信息系统突发事件应急处理结束后应密切关注、监测系统运行 2 天，确认无异常现象。

7.2 调查与评估

信息系统突发事件应急处理结束后，要按以下要求进行调查与评估：

7.2.1 对影响到公众利益和国家安全的事件，应按照政府相关部门的要求配合进行事件调查。

7.2.2 按照公司相关规定要求需要成立调查组的事件，由公司组织成立调查组，对事件产生的原因、影响进行调查和评估，对责任进行认定，并提出整改建议。

7.2.3 按照公司相关规定由公司运维检修部信息室自行组织调查的事件，对事件产生的原因、影响进行调查与，对责任进行认定，并提出整改措施。调查报告应报应急工作小组和领导小组。如需报上级主管单位的，同时报上级相关职能部门。

7.3 改进措施

7.3.1 应急处理结束后，应急处理领导小组应组织研究事件发生的原因和特点、分析事件发展过程，总结应急处理过程中的经验与教训，进一步补充、完善和修订相关应急预案。

7.3.2 运维检修部信息专职人员应结合运行过程中的异常和事件，综合分析信息系统中存在的关键点和薄弱点，提出该类事件的整改措施，制定整改实施方案并予以落实，整改措施和方案报上级主管单位备案。

8 宣传、培训和演练

8.1 公司应加强应急工作的宣传和教育，提高各级人员对应急预案重要性的认识，加强各部门之间的协调与配合。

8.2 信息系统应急预案编制完成后，要组织学习和培训工作，通过培训使有关人员熟练掌握应急处理的程序和技能。

8.3 涉及预案的信息管理人员应结合本岗位安全职责和应急预案的要求，应熟练掌握应急预案中有关报警、接警、处警以及组织指挥应急响应的程序等内容，专项应急预案操作人员应熟悉各个操作步骤和操作命令。

8.4 信息安全教育应包括公司应急预案的有关内容，使有关人员熟悉公司应急处理的流程、应急处理设施的使用、应急联系电话、应急报告的内容和格式等。

8.5 各专项应急预案在制定或修订后，要定期组织演练，每年应至少组织一次演练。在安全保电和重大节假日前均应开展相关的演练工作。

8.6 应根据信息系统的关键点和薄弱点，有针对性地开展演练。通过演练验证信息系统应急预案和各专项应急预案的合理性，发现存在的问题，及时进行修订与完善。

8.7 应急演练前要做好相关准备工作，明确演练目的和要求，做到合理安排、精细组织，确保演练工作的安全。演练过程要做记录，并对演练结果进行评估和总结。

9 附则

9.1 本预案条文由公司运检部负责解释。

9.2 本预案自发布之日起施行。

附件　专项应急预案表

专项应急预案表

预案名称		等级	
涉及部门			
涉及人员及联系方法	运维检修部主任： 系统维护负责人： 系统运行负责人： 系统安全管理员： 网络维护管理员：		
预案事件描述：			
预案处理要求：			
演练要求：			
预案流程说明：			

附录二十三 应用系统应急预案管理办法

第一章 总 则

第一条 为保证公司各类应用系统的正常稳定运行，保证生产、经营、管理活动的有序进行，特制定本管理办法。

第二章 职 责

第二条 公司运检部负责本单位管理范围内应急预案的审批和管理工作。

第三条 各单位负责应急预案工作的组织实施，包括制定应用系统应急预案、构建应急备份环境、组织实施应急预案演练。

第四条 有关业务部门和应用系统开发方应详细说明应用系统运行环境，包括硬件设备情况、软件平台架构、应用运行模式等，在公司登记备案，以便于应急预案的制定工作。

第三章 应急预案要求

第五条 公司建立完备的、可操作的各应用系统运行的应急预案程序，应用系统升级更新后也要及时更新相应的应急预案，以保证出现故障后能尽快恢复系统正常运行。

第六条 发现应用系统故障后技术人员应迅速排查原因，如预计在 15min 内不能排除的应立即向领导汇报，并按照应急预案处理。

第七条 为了确保应急预案的实用性，应按照业务部门受影响的程度，对保障对象划分优先等级，根据故障产生影响的业务范围、持续的时间定于故障等级。根据保障对象和可能产生故障的等级来划分应急预案的等级。

第八条 为了确保应急预案的可操作性，事先应充分考虑到有关系统运行的网络、服务器等各方面条件，制定的应急处置预案必须具有可操作性，操作人员必须经过培训，并且需要经常性的演练。

第九条 对应急过程涉及的人员、设备、采取的措施等方面的信息作好详尽的记录，以便不断总结经验，堵塞管理上和技术上存在的漏洞，不断完善应急预案。

第四章 附 则

第十条 本办法自发布之日起施行。

附录二十四　信息系统口令管理办法

第一章　总　　则

第一条　为了公司及下属单位信息系统的安全管理，强化信息系统的口令管理，保障信息系统安全、可靠稳定运行，特制定本办法。

第二条　本办法适用于公司所有信息网络、应用系统及设备、用户的所有层次的口令管理。

第三条　按"谁运行、谁使用、谁负责"的原则进行口令管理。对所有管理和应用人员进行口令管理教育和口令安全检查。

第二章　口　令　创　建

第四条　口令必须具有一定强度、长度和复杂度，长度不得小于8位字符串，要求是字母和数字或特殊字符的混合，用户名和口令禁止相同。

第五条　个人计算机必须设置开机口令和操作系统管理员口令，并开启屏幕保护中的密码保护功能。

第三章　口令的更新与维护

第六条　口令要及时更新，要建立定期修改制度，其中系统管理员口令修改间隔不得超过3个月，并且不得重复使用前3次以内的口令。用户登录事件要有记录和审计，同时限制同一用户连续失败登录次数，一般不超过3次。

第七条　不同权限人员应严格保管、保密各自职责的口令，严格限定使用范围，不得向非相关人员泄露，原则不允许多人共同使用一个账户和口令。系统管理员不得拥有数据库管理员（DBA）的权限，数据库管理员也不得同时拥有系统管理员的权限；数据库管理员应为不同应用系统的数据库建立不同的用户并仅作为该应用数据库的管理员，不同应用数据库的管理员一般不能具备访问其他应用数据库的权限。系统上线后，应删除测试账户，严禁系统开发人员掌握系统管理员口令。

第八条　软件开发商在开发应用软件期间，应充分考虑应用软件的安全设计，设计应保证用户名和口令不以明文的形式存放在配置文件、注册表或数据库中。访问数据库的用户名和口令不能固化在应用软件中或直接写在数据库中。口令必须能方便地配置、修改和加密。按照人员进行口令分配和认证，不能仅按照角色进行口令的分配。对不同用户共享的资源进行访问必须进行用户身份的控制和认证。软件开发商在应用软件移交过程中，必须向运行维护部门提供关于应用软件的安全设计文档和用户名、口令的配置方案；运行维护部门在应用软件接收过程中必须全面掌握应用软件的安全设计并对其进行全面评估，评估合格后，由运维护行部门重新设定用户名和口令，方可上线运行。

第九条　因应用软件开发或升级、故障远程诊断等问题需要授权临时口令时，应用软件开发人员必须提前以书面形式向系统运行维护部门提出申请，征得同意后，由相关管理员设立临时用户，赋予相应权限，维护结束后，相关管理员必须立即删除临时用户。

第十条　所有用户都必须妥善保存好数字证书载体，并对载体的保护口令严格保密。数字证书不得转借他人。要建立严格的数字证书产生、分配、保管、传送、销毁等管理制度和在紧急情况下销毁的手段和措施，以防止数字证书的失密，并应记录在案。

第十一条　如出现由于口令保管不善、使用不当等原因，造成系统中断或被非法访问、数据泄密或被篡改等情况，将根据不同情节，追究当事人、部门负责人、有关单位领导的相应责任。对于泄露口令、非法获取他人口令或者利用口令从事危害系统安全和公司利益的活动，情节严重、构成犯罪的，依法追究刑事责任；尚不构成犯罪的，根据不同情况，依法律和公司有关规定予以处理。

第四章　口令的废止

第十二条　用户因职责变动，而不需要使用其原有职责的信息资源，必须移交全部技术资料，明确其离岗后的保密义务，并立即更换有关口令和密钥，注销其专用账户。涉及核心部分开发的技术人员调离时，应确认对本系统安全不会造成危害后方可调离。

第十三条　丢失或遗忘口令，必须向相关口令管理部门重新申请。

第五章　附　　则

第十四条　本办法自发布之日起施行。

附录二十五 应用系统测试办法

第一章 总 则

第一条 为规范公司应用系统建设，提高应用系统运行维护质量，特制定本办法。

第二条 本办法适用于公司及下属单位可参照本办法。

第二章 职 责

第三条 本单位应用系统测试工作，包括制定应用系统各项测试标准、构建测试环境、组织实施测试活动。

第三章 测试过程管理

第四条 开发方应向公司提交完整的完成开发的内部测试报告，开发方可以参照本办法要求进行完成开发的内部测试。

第五条 公司根据应用系统的具体情况，在开发方完成开发阶段测试基础上，可单独组织对应用系统进行测试。

第六条 应用系统验收前，公司负责审查开发方提交的测试报告，评估后决定是否另行组织测试，并提出应用系统是否已达到预期的目标，形成测试意见。以测试报告的形式提交应用系统验收组审查。

第七条 测试过程管理包括测试计划制定、测试执行、测试分析3个阶段：

（1）测试计划制定：界定应用系统的测试边界、明确测试过程的方法、资源和进度，测试需求、应完成的测试任务、担任各项工作的人员职责及风险。

（2）测试设计及执行：按照测试计划，针对测试需求设计测试案例、执行测试活动。

（3）测试分析：总结测试过程、得出测试报告。

第八条 应用系统测试过程的3个阶段应分别提交相关测试技术文档，包括：

（1）测试计划制定阶段：提交测试计划。

（2）测试执行阶段：提交测试用例。

（3）测试分析阶段：提交测试报告。

第九条 应用系统的测试技术报告是应用系统验收和运行维护的关键资料，各单位负责整理、归档。

第四章 应用系统测试内容

第十条 应用系统的测试内容主要包括业务功能测试和性能测试，主要内容如下：

1. 业务功能测试

（1）功能测试就是对产品的各功能进行验证，根据功能测试用例，逐项测试，检查产品是否达到用户要求的功能。

（2）在功能测试中，以开发方的单元测试和系统测试资料为基础，对其中重要的部分可以由公司总部重新组织测试。

2．系统性能测试

（1）系统性能测试的标准是来自软件需求、设计文档或是用户备忘录等设计和需求相关的文档。测试前必须明确性能测试的基准条件。

（2）性能测试的要包括能力验证、性能调优和缺陷修复3个方面。分析人员要对测试结果中的各项数据有准确的认识，明确各指标之间的关系，综合考虑各种因素，对系统性能优化提出改进意见。

第五章　附　　则

第十一条　本办法自发布之日起施行。

附录二十六　软件产品验收办法

第一章　总　则

第一条　为进一步加强公司软件产品的验收管理，保证软件产品质量，特制定本办法。

第二条　凡经批准列入的项目，在计划目标、软件产品完成后，均应按本规范进行验收。

第三条　验收工作必须坚持实事求是、客观公正、注重质量、讲求实效的原则，积极引入科学的评估机制，保证验收工作的严肃性和科学性。

第四条　公司××部是系统项目验收的管理部门，负责组织、指导、管理和监督全公司信息项目的验收工作。

第五条　公司是软件产品验收的具体实施单位，执行软件产品验收和归档。

第六条　根据软件产品的大小、重要性等指标，软件产品验收时可以组建软件产品验收小组，验收小组可以聘请公司内外相关技术、管理方面的专家组成。验收小组的意见可以作为最终验收意见。

第二章　验收时间、程序、内容

第七条　软件产品验收程序：

（1）根据《软件产品测试报告》和《软件产品试运行报告》的结果和项目总体情况，符合合同和技术规范的验收条件后，软件项目组向运检部提出验收申请，并提交有关验收资料及数据。

（2）运检部收到验收申请单后，委托运检部与有关业务部门、开发方共同协商，制定验收工作计划，根据验收工作计划组织或委托各单位进行验收。

（3）软件产品通过验收后，验收报告由各单位负责存档保存。

第八条　软件产品验收应按验收工作计划进行，主要完成以下验收内容：

（1）软件产品文档验收。依据本办法第三章中的验收标准，对软件产品文档进行验收，验收结果由软件产品验收人员记录在验收记录。

（2）源代码验收。依据本办法第三章中的验收标准，开发方提交的源代码必须种类齐全、配置完整，源代码清晰可读，提供适当的注释，并能对源代码进行编译。软件产品验收人员按照开发方提供的技术文档要求准备编译工具和编译环境，编译源代码，编译结果必须与开发方提供的软件产品一致。对源代码的验收结果，由软件产品验收人员记录在验收记录中。

（3）软件评测。软件产品验收小组按照本办法第三章中的验收标准，对软件产品的技术和功能按应用系统测试规范进行测试验收。

第九条　软件产品验收小组按照验收标准对验收记录进行评审，并形成验收报告，验收报告中应明确验收结果为合格或不合格。

验收合格：对达到验收标准的验收内容，负责软件产品验收的人员（或专家小组）

应在验收报告中做出书面合格结论。

验收不合格：对不符合合同要求和验收标准的验收内容，负责软件产品验收人员（或专家小组）应在验收报告中做出书面不合格结论。

验收不合格处理：对验收不合格的验收内容，运检部和开发方根据问题的实际情况和严重程度，形成原因分析报告和处理意见，按以下两种情况进行处理：经开发方通过原因分析，将原因分析或解决方案提供给验收人员或专家小组评估，经评估认为合理的并经运检部确认后，可以将验收不合格转为验收合格；经运检部和开发方确认，对验收不合格内容需要进行整改的，在开发方完成整改后，重新对整改部分进行验收或整改软件整体重新验收。对于整改部分的验收，如果验收结果仍然不合格，则双方重新形成新的处理意见或按合同中有关争议条款进行处理。

第三章 验 收 标 准

第十条 文档验收标准根据软件开发合同和软件开发技术协议，开发方必须提供下列文件和资料，并要求文档齐全、格式规范。其中，对技术报告类文档，软件产品验收小组（或专家小组）填写检查结果：①项目验收申请表；②项目策划文档；③需求分析文档；④概要设计文档；⑤详细设计文档；⑥测试报告（含功能测试报告和性能测试报告）；⑦试运行报告；⑧用户手册；⑨安装维护手册；⑩其他相关资料。

第十一条 源代码验收标准。开发方提供的源代码必须符合要求，软件产品验收小组（或专家小组）逐项检查，并填写检查结果：①程序源代码齐全；②源代码编译环境描述：硬件设备要求、操作系统版本（含补丁）要求、编译平台版本（含补丁）要求、脚本设置等；③编译方法描述：描述软件编译方法和软件修改后的编译方法，并保证软件的正常使用；④编译结果更新方法描述：列出重新编译后产生的文件列表，并具体描述更新服务器上的软件程序的方法；⑤源代码迁移标准：源代码位置变动后，具体描述在新的位置所需要进行的配置，保证源代码可以在新的位置能进行修改和编译。

第十二条 软件产品审核内容。软件产品验收小组（或专家小组）应从以下几个方面审核软件产品，逐项检查，并填写检查结果：

1. 数据方面

（1）数据库数据存储方式：描述数据库的存储方式属集中存储或分布存储。

（2）文件数据的存储方式：描述文件数据存储的实现方式、存储的逻辑和物理位置。

（3）数据来源：描述获取数据的方式、频率，保证数据安全传输的故障处理和恢复机制。

（4）历史数据处理：描述运行数据库中数据的保存周期，历史数据的备份和恢复机制，符合公司数据备份管理要求。

（5）基础数据一致性：描述哪些数据是基础数据，保持基础数据的唯一，并与外部系统数据保持一致的机制。

（6）数据的标准化：描述内部数据标准化所使用的规范、编码标准。

2．业务功能方面

（1）参数可配置性：可以通过系统运行参数配置的修改，改变系统运行方式。

（2）主要算法公式化：主要算法提供公式化，通过修改公式，使计算结果发生改变。

（3）功能全面性：系统划分符合业务要求，系统功能涵盖需求分析中的所有业务功能需求。

（4）功能缺陷性：明确功能测试不允许出现缺陷的功能模块，允许出现 A、B、C 级缺陷的功能模块。A 级缺陷：严重影响系统运行，如性能不满足要求，安全性问题，内存泄漏、CPU 使用过多导致产品死机或客户机器不可用，以及测试大纲中一级、二级功能没有按需求规格说明书实现等；B 级缺陷：影响系统运行，如测试大纲中三级及以下功能没有实现，或不符合需求规格说明书中的要求，程序或进程异常退出等；C 级缺陷：不影响系统运行但必须修改，如测试大纲中三级及以下功能不完善、不符合概要设计，异常处理不恰当，以及可用性方面的缺陷等。

（5）业务工作流：根据业务需求，明确描述流程可进行业务重组、可自定义流程、可监控或可审计，并符合实际流程要求。

3．性能方面

（1）业务的响应速度：普通业务的屏幕操作响应时间符合实际操作要求，特殊业务处理的完成时间、重要数据查询的响应时间符合实际操作要求。

（2）并发用户：正常状况下的用户数量、系统性能和峰值并发用户数、系统性能符合要求。

（3）运行环境：服务器端系统运行环境和客户端系统运行环境符合公司要求。

（4）其他性能要求：系统连续工作时间、平均无故障时间，出现故障具备自动或手动恢复措施，自动恢复时间、手工恢复时间符合公司信息安全要求。

4．易用性方面

（1）界面：界面配置灵活，界面风格一致。

（2）系统易用性：系统操作简单、快捷，界面转换方便、灵活、层次清晰，复杂业务处理简便。

（3）系统提示信息：系统提示信息准确、通俗。

（4）帮助信息：提供系统在线帮助，简单明了，可操作性强。

5．系统安全性

（1）用户认证应符合公司要求。

（2）系统机密数据应进行加密操作及数字签名操作。

（3）用户关键操作应可追溯，及不可否认。

（4）系统备份应完备，系统应急预案应可行。

6．系统、数据接口方面

（1）系统内部数据接口：提供系统内部数据接口标准文档。

（2）系统与外部数据接口标准：系统与外部信息系统之间数据接口必须符合电力

生产的安全标准，描述接口标准、实现方式，接口数据传输保证机制和异常处理机制。

（3）与其他商品软件的数据接口：明确系统与其他商品软件数据交换的要求和接口标准。

（4）公司总部规定的其他非功能性需求规范。

（5）数据分析、挖掘方面：提供数据分析工具，灵活定义条件，从数据源中得到分析的数据，能以清晰、明了的形式输出。

第四章　附　　则

第十三条　本办法自发布之日起施行。

附录二十七　设备管理实施细则

第一章　总　　则

第一条　为进一步加强公司自动化设备管理，规范自动化设备采购入网、安装调试、验收投运、运行维护、检验检修、退役报废等过程管控，依据国家有关法律法规及技术标准的相关规定，制定本细则。

第二条　本细则中的自动化设备是指水电厂监控系统、服务器、磁盘阵列、调度数据网设备、电力监控系统安全防护设备、UPS电源、电能量采集设备、时间同步装置、同步相量测量单元（PMU）、终端服务器、智能网关机等系统、设备及其软件等。

第三条　本细则适用于公司水电厂。

第二章　职　　责

第四条　检修部职责：

（1）负责所辖厂内自动化设备的运行、维护、检验及投产验收工作。

（2）负责建立厂内自动化设备台账，负责图纸资料及检验报告档案管理。

（3）负责编制所辖厂内自动化设备故障分析报告。

（4）负责所辖厂内自动化设备技改及修理项目实施。

（5）负责编制所辖厂内自动化设备现场运行规程及现场检验标准化作业指导书。

（6）负责所辖厂内自动化设备消缺。

（7）负责落实所辖厂内自动化设备反事故措施。

（8）负责所辖厂内自动化设备检修工作申请并负责实施。

第五条　项目建设管理单位职责：

（1）负责组织管辖工程可研、初步设计评审，组织召开设计联络会，督促设计单位执行国家、行业、国网公司及省公司的有关管理标准、规章。

（2）负责督促安装调试单位正确施工，及时移交竣工资料，督促相关单位对工程验收中发现的缺陷进行整改。

（3）负责所辖工程安全管理。

（4）负责组织管辖工程自动化设备出厂验收。

第三章　设备采购及入网要求

第六条　自动化设备的设备配置和选型应符合国家、行业相关技术标准及选型要求；不符合国家和行业相关标准的设备不允许采购。

第七条　自动化设备的采购应严格按照物资采购和招投标的有关规定进行。

第八条　入网运行的自动化设备，应通过具有国家认证认可资质的检测机构的检测。防火墙、纵向加密、正（反）向隔离等安全防护装置还应提供国家信息安全部门的检测报告。不具备检测合格证书的自动化设备不允许使用。

第九条　厂站新安装的自动化设备，在接入变电站监控系统和调度主站前，建设单位应向接入调度机构提供国家认证认可的检测机构出具的性能和功能检测报告，经调度机构同意后方可入网使用。

第十条 对于首次进入进行挂网试运行的自动化设备，按照《国家电网有限公司新设备新装置新材料挂网试运行管理办法（试行）》和《国家电网有限公司新技术（产品） 挂网试运行实施细则》的要求执行。

第十一条 自动化系统和设备中软件应为正版软件，并应具有软件使用许可证明。软件版本在使用前应到调度机构自动化管理部门备案，未经调度机构自动化管理部门许可，不得对软件进行修改或升级。

第四章 安 装 调 试

第十二条 项目建设管理单位负责组织自动化设备安装调试。

第十三条 项目建设管理单位负责现场工作安全管理，防止发生因现场施工、调试造成运行中自动化系统或设备异常。

第十四条 项目建设管理单位应加强现场工期管理，合理安排自动化设备安装调试工期，确保安装调试质量。

第十五条 安装调试单位应保证工程建设与设计图纸相符，项目建设管理单位负有管理、监督的责任。

第十六条 安装调试单位应编制调试方案，保证工程调试项目齐全，试验完整，确保调试结果满足设计要求和规程规范要求，试验报告应真实反映调试内容。

第十七条 安装调试单位应按照相关规程规定和调度机构规定的自动化设备参数配置要求，规范设置自动化设备参数。

第十八条 自动化设备安装、调试过程中，各单位应严格依据调度自动化工作流程和管理要求开展工作：

（1）对于改（扩）建工程，安装调试单位应在工作前向运维检修单位书面说明工作的详细内容、影响范围和需采取的安全措施等；运维检修单位应向相关调度机构提交自动化设备检修申请，并在项目建设管理单位的统一协调下完成工作。现场工作中，安装调试单位应严格执行工作票制度，运维检修单位检修人员应到现场配合、监督；涉及运行中的自动化系统或设备工作由运维检修单位执行工作票。

（2）影响调度主站信息采集与通信的工作应按规定提交自动化检修申请单。

（3）自动化检修申请单应一事一报，申请人应按要求规范填写申请时间、检修内容、影响范围等内容。

（4）在确认检修单批准后，应按照检修单批复的检修时间、技术方案和要求进行开工前准备。开工前，向调度机构自动化值班人员申请开工，获得许可后方可开工。

（5）自动化设备调试工作完成后，由设备运维检修单位负责验收。确认具备竣工条件后，向调度机构自动化值班人员申请终结，自动化值班人员在确认自动化系统已恢复、技术指标合格后，许可工作终结。

（6）自动化系统调试工作过程中，如实际影响范围超过调试申请内容时，应立即停止调试工作，及时上报调度自动化管理部门。

第十九条 改（扩）建工程应严格按照"三措"要求做好现场安全措施。对外来工作人员加强现场监护和管理，对涉及遥控点号、事故总等重要参数的修改，运维检修单位应严格审核和监护，确保遥控参数配置表的正确性，防止误遥控事件发生。

第二十条 运行中自动化设备的安措由运维检修单位实施。工作结束后，由运维检修单位负责恢复。实施二次回路补充安全措施时，运维检修单位、安装调试单位及监理单位均需到场，安措实施完毕后，三方签字确认，完成交接。

第二十一条 为做好工程调试与维护检验的衔接，运维检修单位应提前准备、介入调试工作，监督调试质量和相关标准、规范、反事故措施等落实情况。

第二十二条 运维检修单位应按照相关规定要求，及时做好数据备份和设备台账维护工作。

第二十三条 自动化设备在安装调试过程中，因各种原因需要进行软、硬件升级时，设备制造厂家应先在工厂完成相同型号设备软、硬件升级调试和测试，并经具有国家认证认可资质的检测机构检测合格后，才可进行现场升级工作。

第二十四条 现场运行设备变更对调度自动化信息产生影响时，运维检修单位应及时通知相关调度机构。

第二十五条 在安装调试过程中，安装调试单位应对调试质量和工程进度进行检查，并建立检查记录。安装调试单位调试人员应按阶段开展质量自查。安装调试单位提出验收申请时应提交自查报告、竣工草图和试验报告。

第二十六条 安装调试单位在验收合格后，自动化设备及二次回路不得再安排工作。若确有工作需要，应重新申请进行调试试验，并出具补充报告。安装调试单位对提交的试验报告内容的真实性、准确性负责。

第五章 检 验 检 修

第二十七条 自动化系统和设备应按照检验规程或技术规定进行检验工作，设备的检验分为3种：新安装设备的验收检验、运行中设备的定期检验、运行中设备的补充检验。

（1）新安装设备的验收检验按有关技术规定进行。

（2）运行中设备的定期检验分为全部和部分检验，其检验周期和检验内容应根据各设备的要求和实际运行状况在相应的现场专用规程中规定。

（3）运行中设备的补充检验分为经过改进后的检验和运行中出现故障或异常后的检验。

第二十八条 与一次设备相关的厂站自动化设备的检验时间原则上结合一次设备的检修进行，检查相应的测量回路和测量准确度、信号电缆及接线端子，并进行遥信和遥控的联动试验。

第二十九条 自动化设备的检验应由设备的专责人负责。检验前应作充分准备，如图纸资料、备品备件、测试仪器、测试记录、检修工具等均应齐备，明确检验的内容和要求，在批准的时间内完成检验工作。

第三十条 自动化系统和设备经检验合格并确认内部和外部接线、设备配置均已恢复后方可投运，并通知有关人员。要及时整理记录，完成检验技术报告，修改有关图纸资料，使其与设备实际相符，并上报相关的自动化管理部门核备。

第三十一条　厂站一次设备检修时，如影响自动化系统的正常运行，应将相应的自动化信号退出运行，但不得随意将相应的变送器或测控单元退出运行。一次设备检修完成后，应检查相应的自动化设备或装置恢复正常及输入输出回路的正确性，同时应通知调度机构自动化值班人员，经确认无误后方可投入运行。

第三十二条　自动化系统和设备的检修分为计划检修、临时检修和故障检修。计划检修是指对其结构进行更改、软硬件升级、大修等工作；临时检修是指对其运行中出现的异常或缺陷进行处理的工作；故障检修是指对其运行中出现影响系统正常运行的故障进行处理的工作。

第三十三条　自动化设备检修，应由其运维检修单位提前向对其有调度管辖权的调度机构自动化管理部门提交自动化设备检修申请，在得到批准后才可实施。计划检修申请至少提前 2 个工作日上报，临时检修申请至少提前 4h 上报。

第三十四条　自动化设备发生故障后，运维检修人员应立即与对其有调度管辖权的调度机构自动化值班人员取得联系，报告故障情况、影响范围，提出检修工作申请，在得到同意后方可工作。情况紧急时，可先进行处理，处理完毕后应在 2 个工作日内将故障处理情况报以上调度机构自动化管理部门。

第三十五条　自动化设备检修工作开始前，检修人员应与对其有调度管辖权的调度机构自动化值班人员取得联系，得到确认后方可工作。设备恢复运行后，应及时通知以上调度机构的自动化值班人员，并记录和报告设备处理情况，取得确认后方可离开现场。

第三十六条　并网电厂及用户变电站自动化配置和系统设计应严格遵守和执行技术规程、标准规范要求。

第三十七条　并网电厂及用户变电站自动化设备的更新改造、软件升级等方案应征求对其有调度管辖权的调度机构意见。

第六章　退役及报废要求

第三十八条　设备永久退出运行，应事先由其运维部门向公司提出书面申请，经批准后方可进行。

第三十九条　在自动化系统建设、改造、运行以及退役过程中，经淘汰或更换下来的厂站自动化设备，经修理、保养后可再次使用的设备可以作为备品备件继续使用。但对因逾龄使用、技术落后或严重损坏等原因，经鉴定已无法二次使用的设备，可申请报废。

第四十条　各单位自动化管理部门负责组织本单位厂站自动化设备的报废工作，报废时应严格按照物资部门的规定办理设备的报废手续和实物交接，打印并保存报废清单及交接凭证。

第七章　附　　则

第四十一条　本细则自颁布之日起执行。

附件　设备系统变更申请表

设备系统变更申请表

工程名称			
责任人		变更日期	
变更原因			
变更内容			
变更对现有系统影响			
处长审批意见			签字： 　　年　　月　　日